走近
伪装大师

——野生动物自然笔记

赵序茅　邹桂萍　著

1 隐身

山东教育出版社

图书在版编目（CIP）数据

走近伪装大师：野生动物自然笔记／赵序茅，邹桂
萍著. —济南：山东教育出版社，2017

ISBN 978-7-5328-9704-9

Ⅰ.①走… Ⅱ.①赵… ②邹… Ⅲ.①野生动物-少
儿读物Ⅳ.①Q95-49

中国版本图书馆CIP数据核字（2017）第028213号

走近伪装大师

赵序茅 邹桂萍 著

主　　管：山东出版传媒股份有限公司

出 版 者：山东教育出版社

　　　　　（济南市纬一路321号　邮编：250001）

电　　话：(0531) 82092664　传真：(0531) 82092625

网　　址：www.sjs.com.cn

发 行 者：山东教育出版社

印　　刷：山东泰安新华印务有限责任公司

版　　次：2018年1月第1版第1次印刷

规　　格：787mm×1092mm　32开本

印　　张：7.625印张

印　　数：1-4000

字　　数：150千字

书　　号：ISBN 978-7-5328-9704-9

定　　价：48.00元（全3册）

（如印装质量有问题，请与印刷厂联系调换）

（电话：0538-6119313）

从它们的世界经过

我从小生长在农村，屋后有一个池塘，周围有一片小树林，附近还有一条小河流过。我放学后最爱摸鱼、抓虾、捕蝴蝶，当时被认为是不务正业，学校里也成了坏孩子的代表。不曾想，后来几经辗转，进入动物生态学这个专业，终于可以名正言顺地"不务正业"了。

硕士期间观察鸟，博士期间研究兽，有人说禽兽都被你占了。硕士三年几乎走遍新疆，读博时活跃在滇西北。多年的野外生活，见证了大自然的种种传奇：我被昆虫"欺骗"过，被鸟儿"调戏"过，为它们的生存技能惊叹过……我的工作，让我看到了大部分人看不见的世界，很幸运从它们的世界经过。

在新疆古尔班通古特沙漠的边缘，沙蜥从我身边走过，它的肤色和沙子一样，近在咫尺，我却无法察觉。于是我们之间玩起了"捉迷藏"，它躲进一片梭梭树下面。我瞪大眼睛，四处寻找，却一无所获。过了一会，它跑了出来。我才知道原来它的藏身之所距我不足30厘米。

在云南，我见到了枯叶蝶，它神一般的拟态使我无法分清哪个是树叶，哪个是蝴蝶。我发现自己过于笨拙：它们可以在我面前凭空消失、来去自如，我却近不得它们的身边。

在石河子观鸟时，茫茫戈壁中突然飞出一只黑腹沙鸡，在我不远处停留。追寻着它的足迹，我前进，它起飞；我再前进，它再起飞。凭借以前的经验，我猜测这其中必有蹊跷。于是，我反其道而行，果然在相反的方向发现了它的幼鸟。我这才明白它是在"调虎离山"。

待在老家，看壁虎在墙壁上行走。一只鸟儿突然出现，正要擒获壁虎。危急关头，壁虎自断其尾。鸟儿被活动的断尾迷惑，不知所措。此刻壁虎悄然而去。关键时刻壁虎"丢卒保帅"，保全了自己。

在天山，我目睹了"雪山之王"雪豹的威风，它隐蔽于岩石之间，身上的豹纹和岩石的纹理完美融合。别说是我，就是正在附近觅食的北山羊，也毫无察觉。突然，一道壮丽的旗云平地里升起，雪豹现身了，随即北山羊舍命逃跑。雪豹紧追不舍，临近目标，纵身一跃，轻而易举将猎物擒获。

在白马雪山观察滇金丝猴，红色的嘴唇是它们最显著的特征。可是到了发情期，我发现那些"光棍们"却褪去鲜艳的红唇。与之相反，那些拥有老婆的主雄猴嘴唇更加红艳。原来它们是在以这种方式向彼此传递某种信号，减少不必要的冲突。光棍们褪去红唇，以此让主雄猴明白：自己无意作乱。而背地里光棍们却不停地引诱主雄猴的老婆们。

如此厉害，如此聪明的动物，如今却为何一个个沦为濒危物种？这不得不说是人类的"杰作"。人类出于自私贪婪，猎杀它们，破坏它们赖以生存的环境。身为人类，我羞愧难当，只好隐藏脚步，匆匆离去。

我庆幸自己看到了日常生活不曾触及的地方，让我知道了自己的渺小。原来书本里的知识是别人咀嚼过的馒头，大自然的老师们才是智慧的源泉。上亿年的生存智慧，不是几百万年的时间所能领悟、消化的。然而，人类还在迷茫，还在自以为是，还在血腥残忍，以为自己就是宇宙的主宰，就可以掌控地球上物种的生杀大权。殊不知，放在地质年代，我们连过客都不算，放在宇宙时空，我们不过一粒尘埃。动物存在了几亿年，只要宇宙的位置不变，地球上的生物依旧会重演。而人类呢？也许再无可能重新来过。

我从它们的世界经过，不敢发出一丝的声响，不愿带走一片树叶，不想惊扰一只鸥鹭……

新疆沙漠　王瑞摄

目录

从它们的世界经过 ………………………… 1

保护色 ……………………………………… 1

1 听蝉 …………………………………… 2

2 螳螂 …………………………………… 6

3 螽斯 …………………………………… 12

4 红角鸮 ………………………………… 16

5 黑腹沙鸡 ……………………………… 20

6 暗夜游侠——欧夜鹰 ………………… 24

7 豹纹的魅惑 …………………………… 28

8　花条蛇 ……………………………… 32

9　东方沙蟒 ……………………………… 36

10　灰中趾虎 ……………………………… 40

11　快步麻蜥 ……………………………… 44

12　沙蜥 ……………………………… 48

13　隐耳漠虎 ……………………………… 52

14　变色龙 ……………………………… 54

15　变色树蜥：东方变色龙 ……………… 58

16　螳螂虾的眼睛 ………………………… 62

17　海葵虾 ……………………………… 66

18　章鱼 ……………………………… 70

19　装饰蟹 ……………………………… 74

附：作者野外考察照 …………………… 78

　　在动物王国中，所有生命日复一日地生活在吃与被吃的境况里，生存并非易事，猎手们时刻惦记着如何轻松地捕到猎物，而猎物们总想着怎样躲避天敌的追杀。猎物和猎手之间不光是力量、速度等"硬实力"上的对抗，在形态和体色等"软实力"上，它们也一直在进行着微妙的斗争。无论是强大的猎手还是柔弱的被捕食者，它们都在想尽办法让自己"隐身"，从而为躲避天敌或为进攻猎物提供先发制人的机会。而动物身上的保护色就是一种很好的"隐身衣"。保护色是指动物身体体色与背景环境相近，从而达到隐蔽效果。掠食者拥有保护色就可以悄无声息地接近猎物，大大提高捕猎成功率；而被捕食者具有保护色则可以避免其被天敌发现，躲过追杀。

① 听蝉

夏至从每年的6月21日（或22日）开始，至7月7日（或8日）结束，通常在这个节气，全国大部分地区开始变得酷热，让人感觉颇不舒服。这一阶段，一阵一阵此起彼伏的蝉鸣着实吸引了我，这是颇有节奏的大合唱。我停下脚步来，想静静听上一会儿这盛夏的欢唱。

作为农村的孩子，我对蝉自然不陌生，记忆最深还是孩童时代。山东方言称没蜕皮的蝉为"解了龟"，蜕皮的蝉为"解了子"。那时，夏日的晚上我会到树林里去捉"解了龟"。它们一般是在晚上从地下爬出地面来，再顺着树干向上爬，有时候在地上也能捡到。手电筒是捉"解了龟"的必备工具。我一晚上总能摸几个。捉到后，我会专门准备一个瓶子，里面放上盐水，把"解了龟"放到坛子里去，积攒着、浸腌着。等积攒到一定数量的时候，妈妈就会用点油，炒一炒、炸一炸，那是绝美的味道。

可是当"解了龟"蜕变成"知了"，以另一种形式存在的时候，我就有些望尘莫及了。

鸣叫近在咫尺，我却看不到声音背后的主人，不能不令人惋惜。有一次，我铆足了劲，试图找到树上的蝉。可我一靠近，原本喧闹的蝉鸣戛然而止。当我懊恼地离开，它又重新开始鸣叫。仿佛

蝉　何既白摄

是在庆祝自己的胜利，讥笑我的无能。

是可忍孰不可忍！遭到蝉儿的调戏，我开始与它较上劲，心想一定要找到它的藏身之地。我再次接近，它又不唱了。没有叫声的指引，我只能漫无目的地搜索，仔细查看树上的每一个角落，不拉下蛛丝马迹，却还是无功而返。

我又气又恼，暂且离开。失之东隅，收之桑榆，旁边树上的螳螂弥补了我的失落。只见，眼前的螳螂穿着一身黄绿色的外套，身材细长，一副瓜子脸，诡异的是，它面前横着两把"大刀"——那是它的前肢，上面有一排坚硬的锯齿。十足的女王范！

它要干什么呢？我静观其变。

这只螳螂在缓缓地移动，似乎发现了什么。

我跟在螳螂后面，希望能有所发现。螳螂又往前移动了一段距离，它停了下来。我还没来得及思考它意欲何为，突然，螳螂大刀一挥，后足一蹬，像匕首一样的前足径直劈向前方物体，整个过程不到一秒。直到它将猎物擒获，我才发现那是一只蝉。

看完螳螂的表演，我恍然大悟，终于找到了对付蝉的方法。再次听到蝉鸣的时候，我学着螳螂的样子，放轻脚步，悄然接近。此招果然奏效，这一次，直到我走到树下，上面的蝉都没有察觉，依旧陶醉在自己的歌声里。在树下，我借着声音的定位，在一根树干上发现了它。我之前之所以难以发现，是因为蝉伪装得太好了。它身上的颜色和树干特别接近，就连身上的纹理也在模仿树皮的脉络。如果不是它肆无忌惮的鸣叫暴露了位置，仅凭我这双肉眼，是难以发现的。

随着年龄的增长，我了解了更多关于蝉的知识。蝉的种类不同，鸣叫音量也不一样，大型蝉类的叫声可高达100—130分贝，而且不同种类的蝉叫声频谱也有所区别。即便是同一种蝉，鸣声也可以细分为普通鸣声、求偶声、交配声、竞争鸣叫、召集声和哀鸣等。

更为神奇的是蝉的生活史。夏天，蝉卵经过一个月左右孵化出若虫，若虫自行掘洞钻入树下的土中栖身，以刺吸式口器吸食树根汁液为生，从而开始了漫长又暗无天日的地下生活。它们在地下的蛰伏时间，短的要两三年，长的则有13年甚至17年之久。在这之后，它们才能爬上地面开始新的生活。

由蝉结缘，我开始思考生命。蝉在地下经过多年积蓄，就为了争取还不到两个月的欢唱，一代又一代，一年又一年，无怨无悔。蝉的这种长期蛰伏，厚积薄发的行为，非常值得我学习和借鉴。在无数次的徘徊与彷徨中，蝉给了我生命的启示和敬畏。

蝉的种类

我们日常所说的蝉，主要是昆虫纲同翅目蝉科的成员，其中主要是蚱蝉。全世界蝉的种类繁多，有2000多种，中国目前已知的有200种左右。此外还有一些带蝉字的昆虫，比如斑衣蜡蝉、鼻沫蝉、黑尾叶蝉、小角蝉等，它们也属于同翅目，但并不是蝉科的成员。

② 螳螂

　　每年9月份，是寻找螳螂的好时节。这个时期云芝虹螳进入一年一度的繁殖期，家族繁盛，草丛间、树干上，都可以看到它们的身影。云芝虹螳是一种中等体型的螳螂，体长4.5厘米左右，广泛分布在中国西北地区，生活在荒漠、半荒漠的环境中。

　　我第一眼看到云芝虹螳，感觉它和多数螳螂没有什么区别，它长着三角形的脑袋，大大的眼睛，以及镰刀状的捕食前足。这几乎是所有螳螂的标配。但凡螳螂，两性之间差异都很明显，云芝虹螳也不例外，雄性的云芝虹螳体型较小，长有长长的翅膀，擅长飞行。雌性的云芝虹螳体型丰硕，翅膀短小，不具备飞行能力。雄性的翅膀增强了繁殖季节寻找配偶的灵活性。

　　螳螂在食物链中的地位不上不下，比起那些弱小的昆虫，它们是掠食者；而在那些小型的鸟类、兽类面前，它们又是被捕食者。为了能在弱肉强食的自然界生存下去，云芝虹螳拥有很好的保护色。常见的云芝虹螳主要有草绿色和棕黄色两种类型，各自生活在与之相适应的环境中。比如，草绿色型的云芝虹螳通常会待在草丛、绿叶之间，而棕黄色型的个体则生活在树枝和枯草之间。它们的身体和环境完美地融为一体，进而能够躲避捕食者的眼睛。

　　云芝虹螳是肉食性昆虫，是一个悄无声息的伏击者。它会利

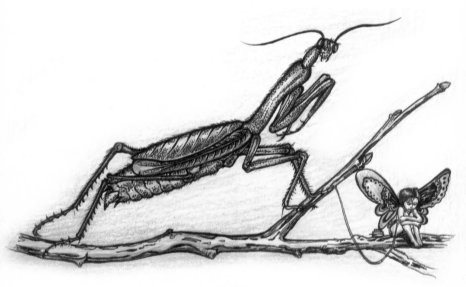

刘克锦绘

用保护色的掩护，静静守候，一动不动，时刻注视着身边的一举一动。若是有昆虫经过，它瞄准时机、快速行动，用锋利的捕捉足将猎物紧紧抓住，而后用强有力的咀嚼式口器生吞活剥到手的美味。小小的云芝虹螳潜藏的力量让我惊叹。

然而，再完美的保护色在移动时也容易丧失作用。万一被天敌识破，云芝虹螳又该作何反应？

云芝虹螳除了拥有保护色，翅膀下面还暗藏玄机。即便保护色被识破，它也不会着急逃跑，而是密切监视敌人，随时准备反击。如果捕食者试图出击，云芝虹螳就要使出撒手锏了：只见它抬头挺胸，张牙舞爪，展开翅膀，露出下方的内翅，展示无比艳丽的色彩！内翅巨大的黑色圆斑活像一对大眼睛，把天敌吓得灰溜溜地逃走了。内翅的圆斑是一种警戒色。保护色通过隐藏自己不使敌人发现，而警戒色恰好相反，就是故意让捕食者看见，并警告它们："我是有毒的！"或者"我不好吃！"

除了云芝虹螳，新疆北部无垠的荒野中，还生活了另一种有趣的螳螂，叫作短翅搏螳，它拥有和云芝虹螳同样的本领。从名字中我们便可以得知，这是一种翅膀短小的螳螂，它体长可达5厘米，生活在植被稀疏的干旱荒漠地带，是地栖型的螳螂。与云芝虹螳相比，短翅搏螳的身体和足部更为修长、高挑，适合快速奔走。短翅搏螳的身体以灰色为主，正好与荒漠中土壤的颜色相吻合。荒漠为短翅搏螳提供了完美的生活场所，在这里它们可以很好地和环境融为一体，躲避捕食者的同时，也能捕捉猎物。若是被捕食者发现，

雄性羽角锥头螳螂　王瑞摄

雌性羽角锥头螳螂　王瑞摄

短翅搏螳同样可以靠着张牙舞爪的防御姿态，以及后翅上那双艳丽的"大眼睛"来吓退捕食者。

拥有保护色的同时保留警戒色，或许能让云芝虹螳和短翅搏螳在演化战争的"军备竞赛"中取得更大的优势。因为捕食者对警戒色的识别是需要学习的，即使猎物拥有强大的生化武器，具有足够的威慑力，也没有办法避免被捕食者误食。而同时拥有保护色的话，这些风险就可以大大降低。

（本文作者王瑞）

复眼

人类的视角无法和昆虫相提并论。螳螂有一对大复眼，每只复眼由几千只小眼组成。当小飞虫急速运动时，它的"像"在螳螂复眼中急速移动，从一只小眼到达另一只小眼。有的小眼先看到飞虫，有的小眼后看到飞虫。它们把接受的图像信号不断传递给大脑，因此大脑收到小眼送来的信号有先有后。借此时间差，螳螂不但能看清小虫，还能感受到小虫飞行的快慢。这种眼睛是一款高超的速度仪，能计算出小虫的飞行速度。

短翅搏螳　王瑞摄

云芝虹螳摆出防御姿态　王瑞摄

3 螽斯

螽斯又叫蝈蝈，是一种很常见的小动物。小时候，我总以为它和蚂蚱（蝗虫）是同一种类。但是，现在我知道怎么区分了！当你在草丛中看到一蹦一跳的小家伙时，注意观察它的触角：如果触角又钝又短，那是蝗虫；如果又细又长，那是螽斯。

初秋的一个周末，我正在公园散步，忽然看见再力花的一片绿色叶子上面有一只触角又细又长的小动物，原来是露螽。它身体是绿色的，扁平状，一条红色的背脊从头部一直延伸到末端；腿节为粉褐色，和再力花叶子边缘的颜色一样。我凑近去看的时候，露螽一动也不动，它对自己的"隐身衣"也太有自信啦！

螽斯的体色多为绿色或者褐色，以便躲在草丛或者枯叶之中，不被天敌发现。这就是保护色策略。此外，它们还有过人的伪装能力。螽斯通过模仿植物的形态来躲避天敌的眼睛，也通过拟态动物的外观来混淆猎食者的视听。凭借这些本领，小小身躯的螽斯就能在地球上的许多地方繁衍生息。

螽斯不但模仿地衣、树叶，还会模仿树皮、树枝。其中，模仿树叶是最常见的，生活在不同地方的螽斯根据当地植物树叶的颜色、形状、纹理来进行模拟，最终演化成了各种各样的形态。

地衣蝈蝈是一种小型螽斯，生活在南美洲北部的马达加斯加。

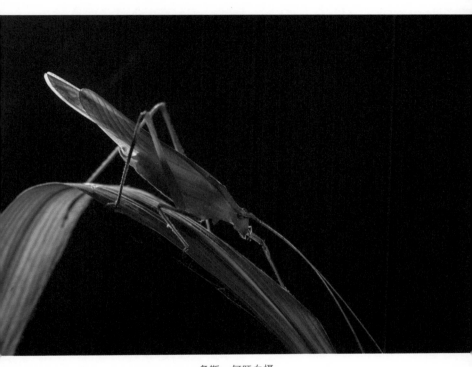

螽斯 何既白摄

它全身为灰白色，腿节像长满了小刺的玫瑰花茎，已经风干且被折成两段。它的翅膀就像镂空的窗花，又像精致的叶脉标本。地衣蝈蝈模拟的，是热带雨林中鹿蕊属的一种灰白色的枝状地衣。地衣蝈蝈躲在地衣之中，就像小鱼游进了同形同色珊瑚丛，完美地消失在天敌的眼皮底下。

孔雀纺织娘是生活在南美热带雨林的一种大型拟叶螽，成虫体长4.5—6.5厘米。它的触角、头部和身体为枯褐色，足节由浅褐色逐渐过渡为深褐色。翅膀的正面为枯叶色，上面点缀着不规则的黑斑，乍一看，就像是淋过雨的枯叶发了霉点。孔雀纺织娘是一个能工巧手，可以把自己的身体"纺织"成枯叶一样的质地：它的一对翅膀就像两片枯叶，"叶片"上还有叶脉，主脉分出侧脉，再分出细脉，简直能以假乱真！

孔雀纺织娘的外表如此低调，和它的名字是不是不相匹配啊？千万别被它枯叶般的伪装迷惑了，一旦遇到威胁，它就会露出另一面。孔雀纺织娘示威的时候，张开翅膀兴奋地起舞，露出一对假眼

庞大的螽斯家族

螽斯几乎遍布世界各地的丛林、草地，多数种类居住在热带和亚热带地区。螽斯总科包括露螽科、拟叶螽科、纺织娘科等12科。目前全世界已知的螽斯有1万多种，中国已知的仅有200多种。它们主要栖息于丛林、草间，也有少数种类栖息于树洞、石下等环境中。

斑纹，用以吓退敌人。此时，它翅膀的背面中间也有一对假眼，叶状的翅膀色彩斑斓，亮丽的虹彩和黑白色交织，就像美丽的星云，边缘还有一圈孔雀蓝的散斑。看到深藏不露的它，再美的蝴蝶恐怕也要逊色三分，这才是它"孔雀"的一面。

为了躲避猎食者，螽斯不但模拟植物，还会模拟其他动物。平背螽属的一种若虫完美地模拟了红火蚁，长着赤红色的头部、身体和腿节。要不是它头顶尖长的触角出卖了它，恐怕我们都要蒙在鼓里哩！

最牛的一种螽斯居然模拟了它的天敌——胡蜂！它长着黑色的脑袋，黑色的身体和腿节，还有橙黄色的薄如蝉翼的翅膀。要不是它那一半黑色一半橙黄色的触角，谁能看出它不是真的胡蜂呢？

螽斯　邹桂萍摄

4 红角鸮

对于猫头鹰我是既熟悉又陌生，熟悉是因为我硕士期间学的就是鸟类学，知道它们的种类、习性。陌生的原因说出来有些尴尬，因为我只在野外见到过一次。

有一次去夏尔希里自然保护区进行考察。我和往常一样跟在马老师后面。马老师怕我惊到周围的鸟儿，从不让我走到前面。这样也好，只要跟着老师，就会有收获。

我们沿着盘旋的山路前行，突然，马老师停住了脚步，拿出相机对准前面的一棵树。"一定有情况"，我心想。于是我赶紧抓起望远镜，对着老师拍照的方向进行一轮"扫射"。可是并没有什么发现，树上空荡荡的，连小型的雀类也没有。莫非是我找的方向不对？我回过头再次观察马老师的相机，然后对准了角度，锁定一棵大树的分支。可是，树上依旧空无一物呀！

我再回头看，老师仍然拍得津津有味，全然不顾其他。虽然马老师拍鸟、看鸟的时候不希望被人打扰，可是这一次，我实在是憋不住了，弱弱地问了一句："老师，你在拍什么啊？""你长眼睛是喘气的吗，不会自己看呐！"马老师狠狠地回道。受到了刺激，我发泄似的从上往下，从下往上，来来回回，仔细打量了好几遍。可是，还是没有发现什么异象。除了树枝上有个突起的包，其他什

• 16 •

刘克锦绘

么也没有。

正当我心灰意冷、万念俱灭的时候，突然树枝有了微弱的晃动，紧接着树枝上突起的"包"一下子飞了出去。原来，刚刚站在那里的是一只鸮！

有了前车之鉴，我追随着这只鸟飞出的轨迹，很快就在附近的树枝上发现了它。天呐，如果不是之前看到它飞过去，就算面对面我也很难发现它。红角鸮身上长着暗灰色的、图案复杂的羽毛。别看这羽毛其貌不扬，实际上却是红角鸮的一件隐身衣，帮助它完美地与所居住森林融为一体。当红角鸮静静地在树枝上睡大觉时，羽毛上的碎斑与粗糙的树皮简直一模一样，几乎没有人能够注意到它的存在。红角鸮是夜行性种类，白天隐匿在大树之上，安心地眯缝着眼睛，静静地等待黑夜的到来。即便有人走过，它也懒得一动，这种安全感靠的就是那一身和环境融为一体的保护色。

红角鸮是猫头鹰的一种，住在山地树林中，在天然形成的或啄木鸟挖掘的树洞中建立巢穴。它既是小型动物的杀手，又是其他较大食肉动物的猎物。在白天，它和大多数猫头鹰一样，站在树枝上一动不动。此刻，如果被其他猛禽发现，红角鸮就像羊入虎口，逃脱的机会非常小。

自然界红角鸮的隐身，可以使其左右逢源，人类社会中又何尝不是如此？当你弱小的时候要学会低调，这样就不会暴露自己，减少不必要的风险。当你强大的时候，依旧需要低调，把自己隐藏起来，可以获得更多出击的机会。

红角鸮　许传辉摄

鸟类的自我保护

在大自然当中，很多弱小的动物为了躲避危险，都拥有保护色，以融入所在的环境之中。一些鸟类在进化过程中掌握了过硬的隐身术，善于利用与自己身体颜色相近的植物或其他东西将自己隐藏起来。这样一来，它们就可以出其不意地捕捉到更多的猎物，同时也能躲避危险，不被天敌发现。

⑤ 黑腹沙鸡

  一个人行走在戈壁滩上，烈日炙烤着大地，我不敢过多停留。突然间，平地里一只大鸟，从我头顶飞过。之前，我竟然没有丝毫觉察。看着它从空中划过，短暂而美丽。

  飞过的瞬间，我已经识别出它的身份——黑腹沙鸡。

  突如其来的邂逅让我难以忘怀，我决定追随它的足迹，再睹那矫健的身姿，美丽的容颜。我知道它就在前方不远处，当我拿出12倍的望远镜朝它落下的地方搜索，却一无所获。此刻我明白世界上最远的距离，不是生离死别，而是它就在附近，我却无法察觉。我只好慢慢地向它飞去的方向靠近。

  我往前走了几步，它再次从我身边飞起，又在不远处落下。它之所以敢如此近距离地躲避，全依赖于那一身"迷彩服"。眼前的黑腹沙鸡是一只雌鸟，它通体为淡沙黄色，和周围戈壁的颜色非常接近。身体上的斑纹镶嵌在沙黄色的基地上，和军队沙漠迷彩服的原理如出一辙，杂色增加了识别的难度。看，黑腹沙鸡头顶有细的黑褐色纵纹，背部、腰部和尾上覆羽有黑褐色的斑纹或横斑。活生生一个沙漠特种兵战士。

  此时，我有些困惑，明明黑腹沙鸡可以远远地离开，为何要和我玩捉迷藏？对它来说，这不仅危险，还消耗体力。我隐隐感到，

刘克锦绘

这只沙鸡一定有不可告人的秘密。于是我不再追随它飞过的路线，而是反其道而行，看看它葫芦里卖的什么药。

果然有情况！前方有一窝刚刚孵出来的小沙鸡。此时，我明白了黑腹沙鸡的意图，它是"调虎离山"，引诱我离开它的巢穴，保护幼鸟。

可是就在我顿悟的这短短半分钟内，眼前的一窝雏鸟凭空消失了！不，这是不可能的！因为雏鸟还不会飞，而戈壁上植被稀疏，没地躲藏，最有可能的是：它们就隐藏在我的脚边。

我不去理会成鸟的诱惑，仔细搜寻雏鸟。嘿，在这！雏鸟趴卧在沙土上纹丝不动，即使我快踩住它们的尾巴了仍然一动不动。

有其母必有其子，黑腹沙鸡的幼鸟是我见过的伪装得最好的鸟儿，堪称隐身大师！物竞天择，我不禁感叹鸟类神奇的隐身术。

黑腹沙鸡不是鸡

它是一种中型鸟类，虽然它的名字叫"鸡"，体型也像鸡，尤其是嘴型，但那仅仅是外表。"鸡"不可貌相，黑腹沙鸡与鸡类的亲缘关系较远，而与鸠鸽类的亲缘关系较近。它栖息于山脚平原、草地、荒漠和多石的原野，在中国仅分布于新疆北部的阿勒泰、哈巴河、和丰、博乐、福海、托里和西部喀什、天山等地。

飞行中的黑腹沙鸡　　　　　黑腹沙鸡的卵

黑腹沙鸡雄鸟　　　　　黑腹沙鸡雌鸟

⑥ 暗夜游侠——欧夜鹰

前面我们见识了几种鸟儿的隐身本领，可以说各有千秋，不相上下。可是下面出场的这位，单论隐身的本领可谓是高手中的高手，它便是欧夜鹰。

我上小学四年级的时候学过一篇课文——《夜莺的歌声》，里面有这样的描写："夜莺的歌声打破了夏日的沉寂。这歌声停了一会儿，接着又用一股新的劲头唱起来。"但是此夜莺非彼夜鹰。一字之差相隔千里，夜莺属于雀形目，欧夜鹰属于夜鹰目。

名字里的"夜"字，表明了欧夜鹰的习性，它们多在夜间活动，尤其是黄昏的时候最为活跃。大多数欧夜鹰依靠大大的眼睛在夜间定位，捕捉飞蛾和甲虫。科学家在某些种类的欧夜鹰的眼睛里，已发现含有小油滴，这些小油滴有助于它们在空中飞行时提高视觉敏锐度。

但凡夜间活动的鸟类白天大多是"近视眼"，如何躲避天敌成为它们能否活下去的关键。即便是猫头鹰这种猛禽，白天也时常会受到乌鸦、喜鹊的欺负，更别提欧夜鹰了。

为了探究欧夜鹰白天的避敌之策，我曾经专门寻找过它。最终遇见它时，开车的司机还说它像一摊晒干了的牛屎。有这么漂亮的牛屎吗？欧夜鹰的伪装色能够以假乱真，隐蔽性是无与伦比的。森

刘克锦绘

林中的落叶交错相叠，而它静静地趴在树下，羽毛的斑纹和枯枝败叶融为一体，要不是富有经验的内行引领，别人几乎看不到它的存在。看！它就卧在草丛里，如果没有眼睛，那就是干树枝。

人类利用好多高科技手段，也很难达到完全隐身的效果，欧夜鹰又是如何做到的呢？在隐身方面，不得不说，它们是人类的前辈。

一个特定目标在一定环境背景下能被肉眼清楚地辨别，主要是由于目标与背景的颜色有差别，差别越大越明显。物质的颜色来自于它对可见光的选择性吸收或选择性反射。反射光谱有差别，颜色就会有不同。欧夜鹰隐身的要点在于，它身上的色彩、斑纹和周围的环境极为相似，这样就消除或者缩小了目标与背景之间的差别，降低目标的显著性。这便是隐身的奥秘。

然而，隐身并不是万能的，尤其是在繁殖期，欧夜鹰对于自己的隐身术过于自信，结果时常造成"家破鸟亡"的后果。欧夜鹰营巢于植被稀疏的河滩乱石沙地上，为简陋的浅窝状，没有铺垫和遮蔽。雌鸟卧巢期间紧闭双眼，如蛰伏状，虽然伪装得极好。可是一些动物包括人类会无意中从此经过，此时的欧夜鹰过分迷恋自己的隐身术，也不去躲避。往往无意中被践踏，造成灭顶之灾。

相信自己某一方面的能力是好的，但是也不要太自负。

欧夜鹰停落在地面　邢睿摄

模式产地

欧夜鹰，名字里的"欧"暴露了它的出身。欧夜鹰模式产地在欧洲，所谓的模式产地是指这个物种最先被科学家发现、命名的地方。不过，欧夜鹰的活动范围不止于欧洲，它们繁殖于欧洲、亚洲北部、中国北方、蒙古及非洲西北部，迁徙至非洲和印度的西北部。它们在中国比较罕见，仅活动于新疆荒漠地区。

7 豹纹的魅惑

一般而言，隐身、变色都是弱小者为了躲避强敌而不得已的伎俩。殊不知，自然界中一些绝世高手，它们也要进行伪装，我所知道的雪豹就是其中之一。

还记得电影《功夫熊猫》中反派角色"大龙"吗？它从小聪明伶俐，苦练武术，长大后能力超群，卓尔不凡，总是想跟熊猫"阿宝"一比高下。这个角色的原型就是雪豹。

体力充沛时，雪豹会袭击牦牛群，或猎取掉队的牛犊，能够制伏3倍于自身重量的猎物。既然自身如此强大，为何还需要隐身？我也一直困惑，直到在野外真正看到雪豹，我才找到了答案。

雪豹虽然可以在高山上如履平地，健步如飞，可是雪豹的耐力不强。虽然雪豹也是攀岩高手，但是和它的猎物岩羊、北山羊相比，还是有些差距的。对于岩羊，我不熟，但对北山羊比较了解。我在野外经常看到北山羊高超的表演，它们是真正的攀岩专家，只要不是垂直的岩壁，它们就可以来去自如。

因此，为了保证狩猎的成功，雪豹必须尽可能地靠近猎物。对于它们而言，隐身是为了更好地抓捕猎物。

每当发现猎物，雪豹都不会急于进攻，它们的强项是短距离冲刺而非长跑。雪豹会借助岩石隐蔽，悄悄地接近猎物。这个时候，

刘克锦绘

"隐身衣"豹纹就开始发挥作用了。雪豹全身灰白色的皮毛，点缀着黑色圈斑。纯白色在野外容易被发现，而灰白则与背景岩石的颜色极为接近，增加了发现的难度。黑色圆斑的出现，又将这隐身能力进一步升级。此外，雪豹黑色的斑纹不规则，头部黑斑小而密，背部和体侧的黑环较大，尾端的黑环宽而大。出现在灰色的皮毛上，形成一块一块不规则的图像。现实中，不规则的图形会增强散射的能力，让光多转几个弯，绕着物体走，给观察者以错觉，进而再次增强隐身的效果。这便是雪豹的隐身衣。

当这只大猫在山麓缓慢逼近岩羊时，你很难发现它的踪迹。雪豹埋伏在岩壁上，身体像弹簧一样盘绕着，只等恰当时机，就从隐藏处跳出来，扑向下面毫不设防的猎物。

很多时候隐藏自己不是弱小的表现，而是为了减少不必要的麻烦，提高成功的几率。

雪山之王

现实中，雪豹是岩栖性动物，栖息于海拔2500—5000米的高山地区。在它所生活的地区，雪豹战无不胜，号称"雪山之王"。在高山裸岩上它具有傲视群雄的天赋——飞檐走壁，如履平地。

雪豹　西锐提供

⑧ 花条蛇

一望无尽的沙漠，被世人称为"死亡之海"。在沙漠中，只有最坚强、最具耐力、最富生命力的动物才有资格获得生存的权利。沙漠地区的生命通过自然选择、优胜劣汰，在长期的进化、演替过程中，形成了适应特殊环境条件的能力。它们通过特别的形状和功能器官以及独特的行为方式表现出对沙漠环境的多种适应。

花条蛇是一种有趣而神秘的蛇类，它们生活在新疆各地广阔的戈壁滩或者沙漠，与人类"邂逅"的机会并不多。不过在石河子两爬学（即"两栖爬行动物学"）专家王瑞的带领下，我还是有缘一见。王瑞是一名年轻的90后，酷爱自然，尤其对于爬行动物情有独钟。

我和王瑞坐车来到了石河子将军山，到地方已经是中午。我们计划去半山腰的一个山洞转转。刚到洞口边上，突然，王瑞大叫起来："有蛇！有条蛇！"然后他就冲进了山洞。迟疑几秒钟，我赶紧跑到洞里。此刻，王瑞正在洞里和一条细长细长的蛇"对抗"着。那便是我们苦苦寻找的花条蛇！

细看那蛇：身体修长，极为纤细，身体最粗的部位还没有我的小拇指粗，体长约80厘米。它身体以灰色或者浅棕色为主要颜色，跟戈壁滩土壤的颜色极为相近。眼前的花条蛇将身体前半部分高高

花条蛇　王瑞摄

立起，它的头部到尾部之间，一共长有4道由黑褐色斑点组成的纵向线条，非常美丽。它还时不时吐出那条短短的红舌头。

这种蛇稍有风吹草动，便逃之夭夭，有些甚至还能在草丛顶部快速移动。因为行动迅速，花条蛇又得名"子弹蛇"。

这块区域花条蛇最棘手的天敌是棕尾伯劳。

为了躲避棕尾伯劳的袭击，花条蛇多隐藏在洞穴或者草丛中。它们的御敌之策是身上的保护色。荒漠戈壁干旱炎热，植被稀疏，一片荒芜，广阔的大地上只有零零散散的一些低矮灌木，因此，花条蛇不能像南方的一些蛇类躲进茂密的森林或者灌丛。此刻，它们身上的花纹派上了用场：让它们与周围环境融为一体。花条蛇在这里如鱼得水，来回穿梭在这些灌丛之间，时隐时现，使棕尾伯劳之类的捕食者眼花缭乱。

不过，花条蛇的保护色可不仅仅是用来躲避天敌。

蜥蜴是花条蛇的"主食"。捕猎时，花条蛇先静静地守候在原地，利用自身的保护色隐藏，有蜥蜴靠近时，则会出其不意，一举擒获。花条蛇先用嘴横向咬住蜥蜴的身体，任凭它垂死挣扎，随后注射毒液。等到蜥蜴中毒而死，花条蛇便会从头部开始吞咽，美餐一顿。

花条蛇属于后沟牙毒蛇，毒性微弱，即便如此，花条蛇还是遭到人类无情的捕杀，目前在野外很难见到。

棕尾伯劳　Joseph Wolf绘

能吃蛇的鸟

能吃蛇的鸟，在我们的想象中一定是那些大型的鹰、雕类。说出来可能会令你失望，棕尾伯劳是地地道道小型鸟类。更诡异的是，这种鸟类属于雀形目，和我们日常看到的麻雀是一个大家族的。"鸟"不可貌相，虽为雀形目，但棕尾伯劳的确是实实在在的猛禽。甚至它那弯曲的喙和猛禽的鹰钩嘴都是如出一辙的。棕尾伯劳性情非常彪悍，是一种肉食性鸟类，在荒漠中，它主要捕猎蜥蜴、大型昆虫，以及蛇类。

⑨ 东方沙蟒

　　提到蟒蛇，人们往往会想到热带雨林里面那些体长7到8米的巨型怪兽，相比之下，新疆常见的蟒蛇体型就要小得多了。新疆常见的蟒蛇叫做东方沙蟒，它们生活在北疆的沙漠和戈壁地带，数量较多，分布广。

　　在荒漠中生存，东方沙蟒的天敌有很多，高空中的鹰隼类时刻盯着它们。为了躲避天敌的袭击，东方沙蟒身上的保护色可以很好地将它们隐藏起来。你瞧，照片上的东方沙蟒是我们在石河子郊区拍到的，体色和沙漠地带的土壤非常相似，典型的土灰色，还杂乱点缀着黑色和棕色的斑点，像极了沙漠迷彩，和环境的颜色很好地融合在一起。如果不是刚才它在移动，我们根本难以发现它的存在。眼前是一只成年东方沙蟒，体长约90厘米，据记载最长可达150厘米。东方沙蟒的头部和颈部之间完全没有区分，整个身体也非常粗壮，因此东方沙蟒整体看上去就像一根干枯木棒，当地村民还给它们起了一个俗称，叫做"土棍子"。

　　除了拥有出色的保护色，东方沙蟒的头部小，形状扁平，像把铲子，能够帮助它们快速潜入沙子下面，而且钝钝的尾巴形状跟头部类似，这会有效地迷惑捕食者，使之很难快速分辨出猎物真正的头部，为东方沙蟒的脱逃延长了时间。正因如此，东方沙蟒俗称为

东方沙蟒摆出防御姿态　王瑞摄

"两头蛇"。

如果不幸被天敌发现，东方沙蟒还有最后的绝招。遇到危险，它会张开肋骨，让整个身体扁平下来，此时它们的体型看起来要比平时增大许多，以此来恐吓捕食者。如果被天敌抓住，东方沙蟒会将泄殖腔外翻，在捕食者身上来回刮蹭，同时释放出一股极其恶臭的气味，没准这会让捕食者胃口大跌，东方沙蟒得以逃生。

和多数蟒蛇一样，东方沙蟒也是卵胎生，每年6~8月，雌性个体会产下10条左右的幼蛇。东方沙蟒每年4月中旬出蛰，春秋两季温度较低时，它们多在晨昏外出活动。到了夏季以后，温度增高，东方沙蟒开始夜间活动，白天它们会躲在啮齿目动物的洞穴里或者沙子下10厘米处来避暑。

东方沙蟒没有毒，性情胆小且温顺，行动缓慢。它们给人的感觉似乎是憨厚的形象，但是大家千万不要相信这个假象，因为东方沙蟒在危急时刻也会主动攻击，腾空扑咬，并且它们在捕猎时所表现出来的爆发力是无比惊人的。东方沙蟒是典型的伏击猎手，它们平时会静静隐藏在灌丛中或者沙地下守候，若是有蜥蜴或者小型啮齿动物经过，并且进入攻击范围之内，东方沙蟒会快速出击，一口咬住猎物，同时身体开始缠绕，所有肌肉一起发力。很快，猎物就窒息而死，东方沙蟒开始进行吞咽，它们的下颌骨和头骨连接处的关节很松弛，肌肉的伸缩性很强，因此它们可以吞下比自己头部大很多的猎物，就这样，饱餐一顿的东方沙蟒可以很久不再进食。

东方沙蟒　王瑞摄

为何出现在棺木附近？

新疆多地流传着东方沙蟒会以死者遗体为食的恐怖传言，原因是某些荒地迁坟的时候，会在墓地的棺材附近发现许多东方沙蟒的身影。然而事实并非如此，东方沙蟒之所以会出现在棺木附近，只是因为它们把墓地中的缝隙当作了临时的藏身之处或者冬眠的场所而已。

⑩ 灰中趾虎

　　寻找花条蛇的途中，我们还有幸"邂逅"了灰中趾虎。灰中趾虎主要分布在中亚，在中国仅分布于新疆北部的准噶尔盆地。它们是一种小型壁虎，体长可达9厘米，其中一大半是尾巴的长度。

　　沙漠里寻找灰中趾虎是需要技巧的。白天，我们通常通过翻石块、掘洞来主动搜寻；黄昏和夜晚，则是用强光电筒搜寻黏土堆、沙丘、坟地和废弃房屋，根据壁虎眼睛的反光进行定位。功夫不负有心人，我们在荒漠中倒下的梭梭木附近发现 2 对灰中趾虎。它们以倒木为中心，活动于梭梭树干自然形成的裂缝或倒木下土洞等处。另外，灰中趾虎的攀爬能力较强，在垂直的树干上活动自如而迅速，受到干扰时，沿树干螺旋状攀爬，可以很快沿垂直的表面向下运动。

　　多数壁虎会在夜晚出来活动，但灰中趾虎不是严格的夜行性动物，春秋季节夜晚气温较低时，它们多在白天活动，这和新疆荒漠常见的其他壁虎科动物不同。

　　在这片土地上，灰中趾虎显得有些弱小。前面的花条蛇是它们的天敌，其他可能的捕食者还有几种鸟类，如伯劳、小鸮。有时就连蚂蚁也会吃掉它们的卵。每当花条蛇侵入其栖息地的时候，灰中趾虎会快速找个遮蔽物躲起来，如树干、草丛、土块。

灰中趾虎　王瑞摄

灰中趾虎有着方形的大脑袋以及扁平的身体，躲避时会将身体紧贴于地面或土壁。它们拥有天衣无缝的保护色。灰中趾虎的体色由浅灰色至深灰色，到暗褐色，斑纹略呈纵纹样，与倒木的颜色和纹理十分相似，这使得它们在荒漠环境中可以很好地隐蔽。此外，灰中趾虎的背部以及尾部上方，长有很多类似蟾蜍（癞蛤蟆）的突起物，并且有规律地排列着，活像一条迷你小鳄鱼。它们背上的凸起粗糙不平，又类似土地表面，这样的外表仿佛是地面或者土壁的一部分。

灰中趾虎以各种小型节肢动物为食，它们多在地面活动，行动迅速，有些也会爬在石壁或者土坡上。有学者曾看到一只灰中趾虎从 1 米高的绝壁跳下来并捕获一只蝗虫幼虫。

灰中趾虎是一种高度适应特化生境的物种，仅在特定的环境中出现，数量不多，繁殖能力也不强。尽管它们生存有道，也需要人类关注、保护。

灰中趾虎的眼睛

第一次见到灰中趾虎，就被它们那硕大的眼睛吸引。灰中趾虎没有眼睑，为了保持眼部的舒适和湿润，它们时常会用舌头来舔舐自己的眼睛。它们的瞳孔非常有趣，是类似一串佛珠的形状，动物学家称之为"念珠状"。它们的瞳孔也会随着光线的变化而变化，光线强烈时，瞳孔会缩小；相反，光线变得微弱时，它们的瞳孔会放大，非常神奇。

灰中趾虎　王瑞摄

⑪ 快步麻蜥

　　快步麻蜥是一种体型中等的蜥蜴，体长可达21厘米，生活在中国西北地区的荒漠草原中，数量庞大，俗称四脚蛇、麻蛇子等。快步麻蜥因行动速度快而得名，它们是天生的飞毛腿，流线型的身体在荒漠的灌木丛中来回穿行，人类的肉眼完全跟不上它们的脚步。我几乎每次出野外都可以看到它们。要是在晴天，天气越炎热、阳光越毒辣，它们就越活跃。

　　和灰中趾虎一样，快步麻蜥也具有很好的保护色，非常有趣的是，它们会因为年龄增长而换上不同的"隐身衣"。

　　幼年时期的快步麻蜥体型娇小，外表是褐色或者深褐色，颈部到身体末端有三至四道醒目的白色纵向条纹，类似于斑马的外表。如此一来，当它隐藏在杂草堆里时，很难被捕食者发现。但是，这个时期也有弱点，那便是它们的尾巴是极其耀眼的鲜红色，非常醒目。一旦它们被捕食者盯上，那条红色尾巴会第一时间吸引住捕食者的眼球。不过，它们依然有应对之策。捕食者往往会一口咬住幼体快步麻蜥的尾巴，丝毫没有意识到其中有诈！捕食者紧咬住尾巴，快步麻蜥却让尾巴自动断裂（自截）。在肌肉神经的刺激下，断尾还会来回剧烈地扭动，捕食者得意扬扬，以为可以享受大餐了，却不料小麻蜥早已趁机逃之夭夭。幼体快步麻蜥正是利用了丢

蜥蜴　刘克锦绘

卒保帅的战术，舍弃了尾巴，保住了性命。这样损失也不大，反正不久后，断掉的尾巴还会再生出来。

亚成体时期的快步麻蜥，体型增大，原本深褐色或者黑色的外表逐渐变淡，变成浅褐色或者深灰色，而原本鲜艳无比的红色尾巴也会变成和身体一致的颜色，不再显眼。此时最特殊的变化是它们背部的条纹：身体两侧的条纹此刻已经变成白色带有黑色边框的斑点，而身体正中央的条纹还隐约存在，这依旧是极好的保护色。

成年之后的快步麻蜥体型继续增大，身体颜色从亚成体时期的浅褐色或者深灰色，变成了浅灰色。背部的条纹也已经完全消失，取而代之的是杂乱无章的斑点，白色带有黑框的斑点。而它身体的两侧，现在各有一排蓝绿色带有黑框的斑点，非常美丽。这样布满斑点的外表好似豹纹，能够使它们很好地隐匿在杂草丛中，躲过捕食者的眼睛。

快步麻蜥生性机警胆小，稍有风吹草动便会快速躲入临近的洞穴、草丛或者石头下方隐藏起来，等到危险过去后再出来活动。不过，它们的脾气相当暴躁，我曾经为了采样抓过一次快步麻蜥，一不留神，它死死咬住我的手，过了很长一会才松开。

快步麻蜥还有一个非常高超的本领：当腿部或者其他部位受伤的时候，它们会用嘴衔来泥巴，将受伤部位包裹并且固定，就像人类给自己的受伤部位打石膏一样。这种行为也在沙蜥里存在，还有一些鸟类，例如环颈雉（野鸡）也具备这样的本领。

（本文作者王瑞）

快步麻蜥　王瑞摄

游猎者

　　觅食的时候，快步麻蜥会四处奔走，是一位典型的游猎者，一旦碰到猎物，它们会迅速冲上前去将其咬住并吞下。它们的食物以小型节肢动物为主，包括蜘蛛、蝗虫、蟋蟀、螽斯、螳螂、蚂蚁、步甲，以及各种昆虫幼虫。

⑫ 沙蜥

　　沙蜥也是荒漠中的常客，我在新疆富康荒漠站，与之打过交道。那时，我第一次看到沙漠，对里面的一切生物都充满好奇。烈日炎炎，别的动物大都隐藏起来，唯有沙蜥在我眼皮子底下晃来晃去。在长期的接触中，我对它有了足够的了解。

　　沙蜥，蜥如其名，它身体的所有构造都是为了适应沙漠而生。它头大而平，顶眼发达，利于早晨在洞口吸收太阳能，快速升高体温。为了防风抗沙，沙蜥上下眼睑鳞外缘突出、延长，鼻孔内具有活动的皮瓣，与上下睑鳞在闭眼时紧密合拢，可防止刮风时沙粒灌入鼻和眼。此外，沙蜥爪尖锐利，趾适于挖沙，趾具栉缘，适于在沙地上行走。沙漠中缺水，沙蜥的皮肤具有感受器，能吸收空气中的水分。此外，它们直接从昆虫等食物中获得生理代谢所需水分，排除尿酸后，直肠能对体内粪便所含的水分重新吸收。

　　当然，沙漠中生存怎能少得了隐身术？沙蜥背部颜色随栖息地基底的颜色而变化，一般是黄灰褐色，和沙漠一个色调。只要它不动，即使就在你的面前，你也很难发现它的存在。这对于捕猎和躲避天敌大有裨益。雄性蜥蜴具有鲜艳色斑，头高、头长和尾长均大于雌性，雌性的腹部长则明显大于雄性。和雄性相比，雌性蜥蜴的体色较暗，具有更好的伪装性。在繁殖季节，雄性的艳斑有利于吸

蜥蜴　刘克锦绘

引异性的注意，还能用来相互识别，标志雄性的社会地位，减少雄性个体的求偶争斗。为了避免与同性战斗，减少不必要的伤害和体力消耗，有的雄性蜥蜴竟然反其道而行，模仿雌性，自觉地让自己的体色变暗，以求得"近水楼台先得月"。于是这些个体节省出足够的体力，并且创造出更多的与雌性在一起的机会，这大大增加了繁殖机会。

不仅蜥蜴，人类往往也是如此，为了某种利益，大家蜂拥而至，往往争得头破血流。如果能换个角度，反其道而行，或许可以达到意想不到的效果。

蜥蜴怎样变色？

蜥蜴体色的变化不是随意的，而是与栖息地环境、光照强弱、温度改变、健康状况、年龄、心情等因素有关。通过神经或者激素的控制，蜥蜴可以让色素细胞扩张或收缩，从而迅速改变体色。

沙蜥　赵序茅摄

⑬ 隐耳漠虎

　　中国一共有两种漠虎，全部分布于新疆，分别是隐耳漠虎和新疆漠虎，它们是新疆体型最小的爬行动物。

　　隐耳漠虎常见于北疆的荒漠地带，主要分布于准格尔盆地周缘和伊犁地区。隐耳漠虎的头部两侧没有像其他蜥蜴一样的明显耳孔，这是它们得名"隐耳"漠虎的原因。成年隐耳漠虎体长仅有5厘米，它们头部较小，却有一对硕大的眼睛，躯体细长，尾部短粗。幼年时期的隐耳漠虎身体为半透明的肉色，看上去仿佛吹弹可破。成年后，体色变身为土黄色，另外从颈部到尾巴尖还长有一道道深棕色的横向花纹，这样的体色接近于荒漠土壤的颜色，为它们提供了绝佳的保护。

　　隐耳漠虎每年三月末出蛰，它们是典型的夜行性壁虎，白天为了躲避炎热的高温，隐藏在土缝或者洞穴中，夜晚外出游荡觅食。隐耳漠虎的行动速度飞快，因为体型小，所以它们的食物就是那些体型更小的昆虫。有时隐耳漠虎还会爬上一些低矮的草本植物上捕食。遇到危险时，隐耳漠虎会来回扭动尾巴，吸引捕食者的注意，危急时刻尾巴还会断裂，断掉的尾部会在地面弹跳，隐耳漠虎则会趁机逃之夭夭。

　　每年六月是隐耳漠虎的繁殖期，这段时间荒漠的夜晚会传来雄

隐耳漠虎　王瑞摄

性隐耳漠虎那微弱的"啊，啊"的求偶声。到了七月，雌性隐耳漠
虎会在洞穴中产下几枚小巧的卵，这些卵和生活在潮湿地区的蜥蜴
所产的革质卵不同，隐耳漠虎及其他生活在干旱荒漠地区的蜥蜴，
产下的是硬壳卵，这有利于最大限度地减少水分流失。隐耳漠虎的
卵孵化期大概有一个月时间，八月中旬，新生的隐耳漠虎就开始外
出活动了。

　　而新疆漠虎生活在南疆，分布于塔里木盆地和哈密盆地，常见
于荒漠、胡杨林，或是废弃的房屋和坟地附近。它们的体型接近于
隐耳漠虎，但是身体颜色较深，为棕色，还有数道浅棕色的纵向花
纹，另外新疆漠虎的尾巴要明显长于隐耳漠虎。新疆漠虎也在夜晚
外出活动，捕食小型昆虫和节肢动物。

（本文作者王瑞）

14 变色龙

　　我上小学的时候，老师讲过变色龙的故事，它可以根据不同的环境来改变身体的颜色。从那时起，我便开始神往变色龙，一直好奇它是如何变色的？

　　后来，我慢慢明白，所谓的变色龙不单单是一个物种，而是爬行动物避役科的一类。目前已知有160种变色龙，它们喜欢温暖舒适的环境，例如热带雨林和热带大草原，主要生活在马达加斯加岛和撒哈拉以南的非洲，少数分布在亚洲和欧洲南部。

　　以前的观点认为，变色龙变色是因为体内含有不同颜色的色素细胞。我当时就有些怀疑，变色龙可以变化成不同的颜色，难道它们体内会有这么多的色素细胞吗？怀疑归怀疑，但没有足够的证据。看到2015年瑞士科学家的最新研究成果后，我终于解开心中的谜团。

　　变色龙体内确实含有不同的色素细胞，但是颜色种类并不多，对于变色，它们仅仅是配角。真正的主角是变色龙体内的虹细胞。变色龙的皮肤底下有两层厚厚的相互交叠的虹细胞。这些细胞中含有许多大小不同、形状各异、排列不一的纳米光子晶体。此外，虹细胞内含有黄色素，在黄色素和纳米光子晶体的操纵下，神奇的变色开始了。

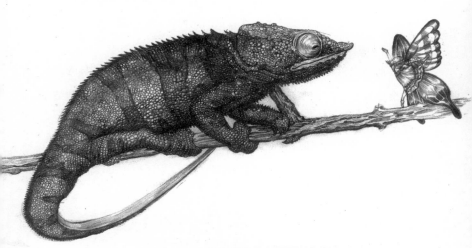

刘克锦绘

一般情况下，我们看到的变色龙是绿色的。

这是因为，变色龙处于平静的状态下时，虹细胞内的纳米晶体排列紧密，只反射出波长较短的蓝色光。这种颜色被称为结构色，是由于光的散射作用产生的，类似于我们看到的彩虹。这还没完，蓝色的结构色与变色龙体内的黄色素相结合，蓝黄相互搀杂在一起，都想在变色龙的皮肤上表现各自的颜色，于是各退一步，形成绿色。此时变色龙的体色呈现为绿色。

而当变色龙紧张时，虹细胞内的纳米晶体变得松散，这样的结构会反射波长更长的光，例如红光、黄光等，然后再和色素细胞结合，产生更加鲜艳的颜色。这一系列的变化，眨眼之间即可完成。

当变色龙愤怒时，纳米晶体反射什么颜色的光，都起不到作用。变色龙发怒使得体内的黄色素发生膨胀，阻碍下层的光反射出来。只体现黄色。

上层虹细胞帮助变色龙变色，下层虹细胞似乎不参与变色。它能够控制光的反射量，帮助变色龙反射热量，避免身体过热。

变色的伎俩，不仅可以让变色龙躲过捕食者，还能让它变得更加华丽，从而吓退情敌，获得异性的青睐。

我曾经看到过两只变色龙之间的争斗。这是一场"颜色"战争。第一回合，远距离较量。两只雄性变色龙各自呈现身体的颜色，条纹较明亮的一方主动靠近，前去挑战。到了短兵相接的时候，双方接近，脸对脸，纠缠在一起。不一会儿就分出了胜负：颜色变亮较快的一方获得最后的胜利。颜色的较量仅仅是表面，身体内部肾上腺素和荷尔蒙的释放速度才是取胜的关键。很明显，颜色迅速变亮的一方，肾上腺素和荷尔蒙的释放速度更快，于是产生更大的力量，助其获胜。

原来变色龙并没有超人一等的法力，不论环境怎么样，自己还是自己，只不过是与环境的接触方式改变了。

变色是一种语言

打斗的时候毕竟是少数，变色主要还是变色龙日常生活的一种社交手段。变色龙通过变成各种颜色进行交流。例如，当雌性豹纹变色龙怀有后代或者因为其他原因不愿意与雄性变色龙交配时，它的橙色斑纹会变成咖啡色或黑色。此外，变色龙的肤色与其心情也有着密切关系。雄性在展示它们的统治地位时，颜色会变得更加鲜亮。雌性对雄性充满敌意，或者不愿意与其交配时，颜色会变暗或者出现红斑。具有攻击性的变色龙体色会变得更暗。当变色龙与其他变色龙互动时，颜色变化非常鲜明而迅速，从一种颜色转变成另一种颜色只需要20秒。

⑮ 变色树蜥：东方变色龙

变色树蜥是一种美丽而可爱的树蜥蜴，有人把它称作东方变色龙。在已知的树蜥中，变色树蜥的分布范围最广，伊朗东南部、阿富汗、印度、尼泊尔、文莱、印度尼西亚、斯里兰卡、苏门答腊、马来半岛北部地区，以及中国南部的广东、海南、云南和香港等省区均有分布。在不同的文化交流中，它又多了许多名号：冠树蜥、常见园蜥、东方园蜥、热带园蜥、印度树蜥，俗话里也有叫马鬃蛇、鸡冠蛇的。

20世纪80年代，变色树蜥被引进到新加坡，并迅速建立种群。到了20世纪末期，它成为美国弗罗里达州的外侵物种。不同地区的变色树蜥长相略有差异，有的专家认为这一种群可以继续分为多个物种，或者多个亚种。

变色树蜥的头部和青蛙相似，像个扁平的三角锥，两侧鼓起的大眼睛把这个三角锥给压得变形了。眼睛四周长有辐射状的黑纹，喉咙两侧有不规则的黑斑。身体呈浅灰棕色，背面有7~8条黑棕横斑，尾巴具有淡淡的环纹。它全身满布细小的鳞片，背部的一排尖尖的齿状鬣（音同"列"）鳞特别威武，鬣鳞共有35~52节，向后上方刺去。

我第一次遇到变色树蜥时，它从一棵竹柏树上落到一丛黄金叶

变色树蜥（雌） 邹桂萍摄

变色树蜥（雄） 邹桂萍摄

中，发出轻微的撞击声。我好奇地循声望去，却只听到一个簌簌跑动的声响。它跑到黄金叶的主枝旁，迅速地调整体色，从偏绿色变成偏棕色，和裸露的地面、周围的枝条很好地融合在一起。它身上的黑棕色斑纹特别浅，不认真端详根本看不出来。我正想把相机靠近一些，它倏地一下就溜到草丛中，怎么也找不到了。

第二次遇到变色树蜥的亚成体，我却认不出来了。那是一条小树蜥，身体只有一指长，尾巴差不多与身体等长，身上斑斑点点，杂色很多。它匍匐在嫩绿的福建茶上，体色浅褐色偏嫩黄，背部的鬣鳞低矮，不细心是观察不到的。它一点也不羞怯，我把手机靠得很近，它也大方地摆弄风姿，任我拍照。无论从身材比例、背部斑点，还是个性方面，这两只树蜥都有很大的差异。

最近我又遇到两只变色树蜥，我发现自己又不认识了！雄性还可以看出是花斑小树蜥长大后的样子，只是特色不明显，尾巴比较长。成年雄性的变色树蜥具有可伸缩的喉囊，且在繁殖季节能够迅速地变色。我看到雄性树蜥鼓起的喉囊颜色开始变深，然后逐渐蔓延到头部、胸部，原本杏黄色的头部和上身逐渐变成橙黄色，再变成橘红色，喉咙两侧的杂斑也变成大块的黑色，而身体的黑色横斑消失了。整个转变的过程还不到1分钟。因为雄性树蜥这种变色行为，有人把它叫做"吸血鬼"。

而雌性变色树蜥，要不是和雄性一起出现，我会完全把它当做别的蜥蜴。它的头部、背部和尾巴都是黑色的，像是穿了一条高贵神秘的黑色长裙；只有鼓起的喉囊是橘红色，延伸到腹部，吸引着

变色树蜥（雄）　邹桂萍摄

异性的眼球。它站在一块石头上，见到雄树蜥已经变成红色，尽情地鼓起红色的喉囊，似乎在发出信号。

雄性开始行动，往雌性树蜥的方向飞奔过来。两只树蜥迅速地纠缠在一起，眨眼之间，黑蜥蜴消失在草丛中，而红蜥蜴浮在南美蟛蜞菊的叶子上。它很谨慎地看着我，不知道是不是在怪我坏了它的好事。过了一会儿，雄性树蜥的体色才慢慢恢复正常，它总共当了8分多钟的"吸血鬼"。

变色树蜥的变色伎俩，不仅可以让它们求得配偶，还能躲过捕食者的眼睛，可谓不但美丽，而且实用。

16 螳螂虾的眼睛

我见过螳螂，见过虾，可是不知道螳螂虾为何物。

直到后来，我的鱼缸里来了一位不速之客，潜伏了很长时间。它应该是随着珊瑚混进主缸的。最开始只闻其声、不见其“人”，只有缸里时不时传出的“哐哐”敲击可以证明它的存在。到后来，它的胆子变大了，白天开灯的时候偶尔见到它在石缝里探头探脑，身体如圆珠笔粗细，通体墨绿色点缀着些许花纹，体色与供食用的皮皮虾有很大的区别。后来得知，它便是螳螂虾。

螳螂虾是一种甲壳纲口足目动物，与龙虾、普通小虾都有亲缘关系，因其利用附肢捕食的动作极像螳螂而得名。若论起辈分来，螳螂虾和侏罗纪的恐龙是同时代的。恐龙灭绝了，而螳螂虾却开枝散叶，子孙满堂，现存300余种。其中绝大多数种类生活于热带和亚热带。中国沿海也有，南海种类最多，已发现 80余种。

我之所以没有察觉螳螂虾是如何随着珊瑚混进鱼缸的，这得益于它超强的隐身能力。螳螂虾幼体能够在深海环境存活，主要是依赖隐身功能。它们处于发育阶段时，面对天敌毫无抵抗能力，所以只能将自己隐藏起来，避免被掠食者发现。

我发现螳螂虾不但呈现出半透明的身体，还有一双透明的眼睛——这是隐身的关键因素。然而，多数深海小型生物的眼睛都是

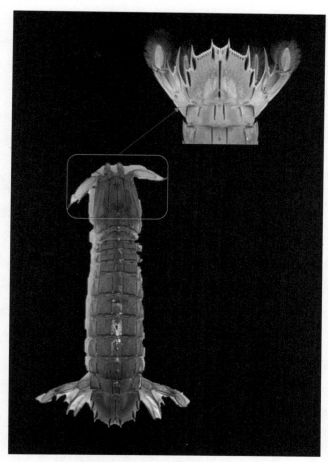

螳螂虾　Colin Marshall摄

不透明的，那为何螳螂虾却拥有透明的眼睛呢？

我查看了科学家最新的研究，原来螳螂虾幼体的眼睛具有特殊的反光能力，其眼球中心的球状视网膜仅反射特定的光线。深海中漆黑一片，每当发光生物靠近时，螳螂虾眼睛中的微小镜面结构能够帮助它们把微弱的光从四面八方散射开去，而不反射到天敌的眼睛里。这样天敌的眼睛就看不到螳螂虾身上反射的光。以此迷惑天敌，让其敌人视而不见。

不查不知道，一查吓一跳。螳螂虾的眼睛还别有用处！它的一对茎状眼睛是动物中最复杂的目镜传感器之一。人类和蜜蜂眼睛里仅有3种光感细胞，而螳螂虾的眼睛里有 12种光感细胞，个别（种）类甚至达到16种！螳螂虾的每一种光感细胞都能帮助它识别各种颜色和光线，比如人类不能识别的红外、紫外线和偏振光。这样的能力，有助于螳螂虾在五颜六色的珊瑚礁中更快速地发现朋友、敌人及猎物。可以说螳螂虾拥有动物界最为复杂的眼睛和最佳的视力！

除了绝佳的隐身能力和敏锐的视觉，螳螂虾还能通过发出色彩鲜艳的荧光来恐吓敌对者或者吸引异性配偶，这叫警戒色。

由此可知，螳螂虾除了作为美味海鲜的一面，还有鲜为人知的另一面——拥有神奇视力的隐形杀手。真可谓最危险的敌人往往躲在暗处。

刘克锦绘

螳螂虾的暗器

遇到敌对者时，螳螂虾还会用强大的钳子发动攻击，可击碎玻璃，甚至夹断人的指头。部分品种的螳螂虾甚至在身体下面藏有一对能以时速60公里的速度出击的"锤"，当它攻击猎物时，可以在10万分之一秒内将锤弹射出去，弹射的冲击力相当于被60千克的重物砸到，瞬间由摩擦产生的高温甚至能让周围的海水冒出电火花。

17 海葵虾

　　有感于螳螂虾的魔力，我对海洋里的虾类产生了浓厚的兴趣。不久，一位新成员加入了我的鱼缸，它便是海葵虾。

　　在海洋的世界中，海葵虾作为小小的虾类的一员，是很多食肉动物的捕食对象。为了生存，它们必须拥有自己的隐身法宝。海葵虾几乎把隐形的艺术发挥到了极致：它们的器官、血液和其他体液，可以呈现半透明状态。

　　身体隐藏于无形之中，这是如何做到的呢？

　　得益于海洋科学家们的努力付出，我了解到最新的答案。

　　隐身的奥妙就在海葵虾对于体内血液的把控上。当它休息或者需要隐身的时候，仅仅只通过一根主血管向胃部输血，其他的血管则处于静止状态，肌肉的纤维周围没有血源。这样一来，身体的肌肉纤维都会使光朝着同样的角度弯曲，从而可以让光轻而易举地通过，所以看上去海葵虾呈半透明。

　　但是，海葵虾的隐身能力不是万能的。当它们运动的时候，或者因为天敌靠近而被迫逃跑的时候，隐身的外衣就失灵了。受到惊吓后，海葵虾会打开更多血管，使血液围绕所有肌肉纤维。这样一来，血液散射的光线和肌肉纤维散射的光线角度不一致，海葵虾身体透明度会大大降低，一度变成浑浊的状态。另外，改变虾池中的

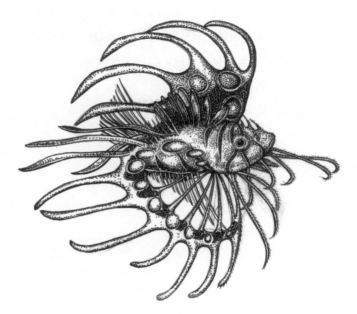

刘克锦绘

含盐水平也会使海葵虾变得不那么透明。

海葵虾一会儿半透明，一会儿又浑浊，前后的变化类似于堆积的冰和雪之间的关系。冰和雪都由结冰的水构成，均不含吸光的色素。冰的表面是平整的，透光性好，光线能直接穿过冰块。但是雪的表面是不平整的，有许多小冰晶，能让光线从各个不同方向散射，所以看上去是白色的。海葵虾关闭许多血管后，光线就能直接穿过它的身体。而当血管打开后，血管会挡住光线，并且反射出来，所以看上去就不透明了。

由此可见，即便是再厉害的伪装高手，也存在弱点。

海葵虾名字的由来

海葵虾属于节肢动物门，分布在西太平洋和印度洋，以及东太平洋至大西洋之间的广大区域，喜欢和海葵共生，经常在水深10—20米下的岩礁群成群出没。海葵虾身长约1.5厘米，身体淡褐色，头胸甲、腹部都有白色环状斑纹。因个子娇小迷人，又常常把尾部高高翘起，所以也被称作性感虾。

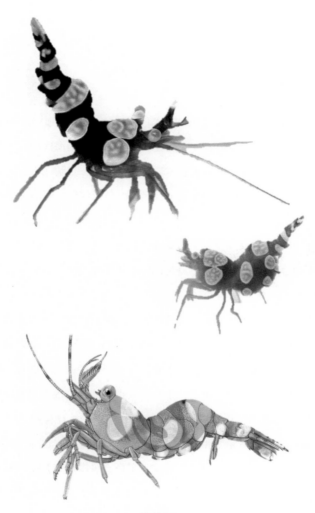

海葵虾

⑱ 章鱼

　　海洋世界精彩纷呈，我多次跑到海洋馆去参观那些精彩的生命。进入海洋世界，隔着巨大的玻璃，我打算亲睹海底珊瑚礁的美丽景色。突然，我发现水底的"暗礁"在漂移！定睛一看，原来是一条章鱼运用隐身机制，改变了自己的颜色及纹理，隐藏在暗礁之中。

　　章鱼不仅可以改变皮肤的颜色，还可以改变纹理和质地，与周围环境融为一体。章鱼在短短几秒钟内，就能成功伪装。它是怎么做到的？

　　原来，章鱼表皮下方长有数以千计的色素细胞，可用来调节皮肤的颜色。章鱼的皮肤分为3层：色素层、虹彩层、白色层。最上面的是色素层，其中含有很多色素囊，每一个色素囊周围都有一圈肌肉，只要肌肉一起用力收缩，小的色素点就被拉成很大片的色块；中间的是虹彩层，由细胞水平排列成很多薄层，在神经讯号刺激下，薄层通过调整角度和厚度，反射出很亮的光泽；最底下的白色层最简单，就是细胞里有超白的反光蛋白，可以反射几乎所有可见光。在色素细胞的调控下，章鱼有3种基本套色，分别称作均匀型、杂色型还有块裂型。

　　除了改变颜色，章鱼还可以利用一系列神经来调节色素细胞的

刘克锦绘

膨胀或缩小，使颜色的亮度发生改变。它们还可以控制皮肤上的突起，使皮肤的质地、纹理也发生改变，与周围环境完美融合。它们一般躲藏在坚固的物体之间，如果被发现，会迅速现身，并膨胀身体，使自己看起来更有威慑力。

即便章鱼如此聪明，可以通过隐身避开海洋里的天敌，但始终无法逃脱人类的捕捉，人类才是最危险的敌人。可是它们最初进化的时候，人类还没有出现，所以它们没有足够的机制应对人。

用颜色显示心情

章鱼一般都是独来独往，而其变色能力一般被认为是用作躲避猎食者。不过有学者近日发现，当章鱼之间出现争端时，它们也会变色，显示心情。当一只浅色的章鱼发现另一只章鱼变深色时，它也会变深色回应。"战斗"过后，颜色开始变浅。这种行为一般出现在雄性章鱼身上，估计与争夺领土有关，但也有可能是章鱼的社交方式。另外，偷偷讲一个章鱼和乌贼的小秘密：它们其实都是色盲，科学家如果把格子换成明度一样的黄蓝格子，它们会以为背景是纯色的，很自在地穿单色套装。

刘克锦绘

乌贼

章鱼和乌贼都会"喷黑"逃身，但章鱼属于入腕目，乌贼属于乌贼目。

⑲ 装饰蟹

　　人类无法通过身体的自我调节来实现隐身，不过聪明的人类可以穿上各种迷彩服来伪装自己，尤其是在野战军队中，战士们通过各种乔装打扮，来实现隐身的目的。其实，有些蟹类也具备乔装打扮的本领，它们的体形体色虽然很平常，说不上有什么独特之处，可是它们通过精心装扮之后，可以融入环境中，很难被发现。它们会把生物或非生物材料往自己身上"穿"，打扮得让人家认不出原来的样子，这类螃蟹被称为装饰蟹。

　　装饰蟹家族中高手如云，我们不妨挑几种来看看。

　　钝额曲毛蟹是装饰蟹中的伪装高手，它们在栖息场所可得到的材料，如海绵、藻类、海鞘、碎贝壳和沙粒，甚至是碎破布片，都能轻易往自己身上穿戴。钝额曲毛蟹将整个身体背面附满各种杂物后，静止不动，很容易让人误认为是一团垃圾。如果把它们身上的附着物去除干净，会发现甲壳表面长满了钩毛。这就是为什么它们身上很容易附着这么多东西的原因。有的钝额曲毛蟹停留在藻丛中，会附着与栖息场所相同种类的海藻，全身与栖地背景融合一致，伪装相当成功。用藻类作为装饰的材料，肚子饿时还可以拿下来吃，欺敌护身之余，又能储备粮草，可谓一举两得。

　　绵蟹天生有利用海绵的本领，将海绵用口部及螯脚巧妙地修

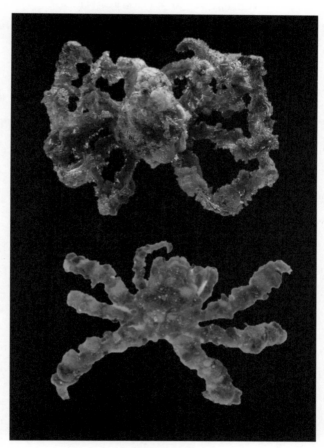

钝额曲毛蟹

剪，变成一顶大帽子戴在身体背后，从背面看，整个身体都被遮蔽起来。对许多海洋生物来说，海绵是味道很不好的食物，绵蟹就像穿着天然防护衣一样得到保护。如果来个螃蟹服装设计比赛，绵蟹的这番造型能不名列前茅吗？

那么绵蟹是怎么拿起海绵的呢？

原来，这种螃蟹的壳上覆盖着像魔鬼毡一样的毛，能够帮助它们将海草、海绵、海葵、珊瑚和其他物品粘在背上。此外，绵蟹后面两对步脚是往背面上方生长，而且指爪更是特化成尖锐的弯钩与夹子，因此能牢牢抓住海绵帽子，到处跑也不会掉。如此一来，绵蟹就能融入背景或者看起来像是另一种物体，生态学家称这种策略为"假冒"。

其他时候，绵蟹还会选择有刺鼻气味或含有毒化学物质的特定物品披在身上，让捕食者对它们失去兴趣。

浓妆艳抹起来的装饰蟹，别说是我，即便是那些有经验的观察家，坐在一只装饰蟹身上还不知道呢。

谁说主观能动性仅仅是人类的专利？装饰蟹就可以通过自己的努力，改造外型适应外界环境。不得不说，很多时候人类的自大来源于对客观世界的无知。

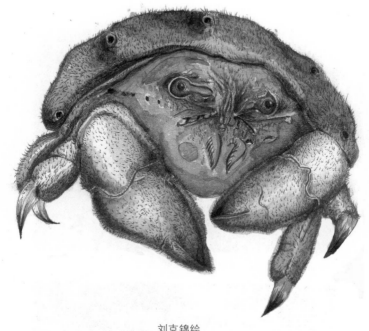

刘克锦绘

活着的装饰物

　　装饰蟹属于蜘蛛蟹科的螃蟹，它们会利用周边环境的材料躲避捕食者。装饰蟹的身上盖满了海草和小如海绵那样的水生动物，这些活着的装饰物形成了一个覆盖层，将蟹伪装起来。也有些装饰蟹把有蜇的海葵放在它们的脚爪上，用来防御敌害的攻击。

附：作者野外考察照

野外观察

在新疆，骑着白色牦牛走古道

走近
伪装大师
——野生动物自然笔记

赵序茅　邹桂萍　著

2 拟态

山东教育出版社

雪山湖水　丁鹏摄

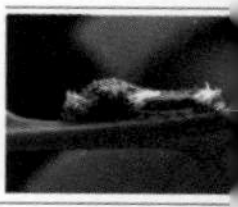

目录

拟态 ································· 1

1 冷艳杀手——兰花螳螂 ·············· 2

2 竹节虫 ······················ 8

3 荒漠竹节虫 ·················· 12

4 猫头鹰蝶的眼睛 ············· 16

5 枯叶蝶 ······················ 20

6 模仿便便的毛毛虫 ············ 24

7 烟灰悲雀的雏鸟伪装成毛毛虫 ······· 28

· 1 ·

8 模仿蚂蚁的蜘蛛 …………………… 32

9 鬼面天蛾 …………………………… 36

10 角叶尾守宫 ………………………… 40

11 可以假扮不同动物的章鱼 ………… 44

12 真假雀鲷（diāo）………………… 48

13 尖吻单棘鲀利用气味伪装珊瑚 …… 52

14 虎斑颈槽蛇 ………………………… 56

15 拟态苍蝇的蛾 ……………………… 60

16 蓑蛾自制外衣 ……………………… 63

17 尺蠖丈量地球 ……………………… 68

附：作者野外考察照 ………………… 73

拟态

动物是名副其实的伪装大师。动物的伪装之所以发展到登峰造极的地步，是因为它们必须让天敌或者猎物上当，分分钟都是生与死之间的较量。在伪装这一领域，前面提到的保护色表现为动物肤色与周围环境优势色彩相似，不易识别。与保护色相比，动物的拟态要更复杂些。

拟态是指一种生物在外形、色彩，甚至行为上模仿另一种生物或非生物体，从而使自己得到好处的现象。从模拟对象上看，拟态可分为模拟环境物和模拟动物两大类。模拟环境物的拟态生物，其模仿对象是生存环境中的植物叶片、枝条、花或其他不动的物体。这点和保护色有异曲同工之妙。动物为了欺骗可能的掠食者或猎物，将自己扮成无法食用或那些不具有生命特征之物，诸如树枝、叶子、石头或鸟粪等，让对手误以为伪装的生物是一种没有吸引力或是无害的物体。模仿动物的拟态生物则以其天敌所惧怕的动物，如猛禽、蛇、有毒昆虫等为模拟对象，这种模仿包括外形、色彩、气味，甚至还包括模拟动物的动作行为。强大的动物如雪豹，弱小的动物如蜥蜴都可能具备保护色。但是拟态在多数情况下是一些弱小的、较为低等的动物的自我保护方式。

① 冷艳杀手——兰花螳螂

　　我在云南出差，有幸参观中科院西双版纳热带植物园。据好友肖老师介绍，最近园里来了一位神秘的"客人"。

　　一个平静无风的午后，一只苍蝇在兰花丛中飞舞，粉色的花瓣忽然簌簌舞动起来。苍蝇还不知道怎么回事，只见一把粉色的大刀已经架到了自己的脖子上。苍蝇侧身一看，妈呀！原来是它的天敌——兰花螳螂！可怜它三五分钟就化作兰花螳螂胃中的食物，从此再未从噩梦中醒来。

　　不仅苍蝇没有从噩梦中醒来，一旁观看的我，也分不清是现实还是梦境。用手掐掐自己的胳膊，才知道眼前的一幕是真实的。

　　兰花螳螂通过巧妙的伪装让苍蝇以为它只是两瓣兰花，专业术语称作"兰花拟态"。兰花螳螂的拟态行为堪称完美，它们能够随着花色的深浅而改变自己身体的颜色。对于兰花螳螂来说，拟态起着双重功效：面对天敌时，可以迅速隐身，逃脱追捕；而面对猎物时，又能悄悄潜伏，迅猛出击。兰花螳螂隐身的奥秘在于它的步肢演化出酷似花瓣的构造和颜色，整体酷似一朵盛开的兰花，也因此得名兰花螳螂。

　　别看兰花螳螂外表温柔甜美，实际上却是一位不折不扣的冷血猎手。成年兰花螳螂会将屁股高高举起，将自己折叠伪装，模拟

刘克锦绘

花朵以吸引猎物。此刻的它正耐心地守候着，静待哪只粗心小虫的到来，只要那只虫子对它如花的美貌生出一丝贪念，就有可能命丧"屠刀"之下。它们捕食的对象多半是围绕花朵生活的小型节肢动物、爬虫类。只要是活的传粉昆虫，如苍蝇、蜘蛛、蜜蜂、蝴蝶、飞蛾等，都是它们的美味食物。

兰花螳螂的体态和颜色酷似兰花，并且能够根据兰花的颜色改变肤色，难道那些昆虫真的无法分辨吗？

最新的研究发现，在传粉昆虫看来，兰花螳螂和花朵没什么区别。主要原因在于兰花螳螂与热带雨林中一些花朵对紫外光的反射是一致的，传粉昆虫并不能区分兰花螳螂与花朵的反射光。由于传粉昆虫习惯在花朵上生活，所以兰花螳螂这朵美丽的"花儿"——形态与颜色合力形成的魅惑，对它们很有吸引力。最神奇的是，兰花螳螂"易容术"技艺精湛，甚至比真的兰花更能吸引昆虫。它们比真花还要像花！

兰花螳螂也不是一生下来就长得像兰花的。它们刚刚孵出时，体色是暗红色的，长得像蚂蚁，经过蜕皮之后慢慢变为白色或粉色的若虫，这时候方才成为形似兰花的螳螂。在如花似玉的"少女"时期（幼虫第一次蜕皮到成虫之前），兰花螳螂才会呈现粉色的花姿。到了性成熟后，兰花螳螂则会慢慢由粉色变为浅黄色，之后逐渐变成棕色，臀部也不像之前那么翘，此时看起来就没那么起眼了。兰花螳螂的生命有很多阶段，雄性生活周期约8个月，一生要经过7次蜕皮；雌性兰花螳螂生活周期为6个月，一生经过5次蜕皮。兰花螳螂各年龄的体色和形态也不尽相同。它们并不一定生活在兰花丛中，在黄姜花、栀子花或其他植物之上也会出现。

兰花螳螂的启示：美丽可不止用来陶醉，背后可能就是陷阱，暗含杀机。

螳螂

雨林中最美昆虫

兰花螳螂不仅有如花般美丽的名字，更有毫不逊色于花之神韵的形象，当之无愧地从世界上近1800种同类中脱颖而出，赢得了"雨林中最美昆虫"的桂冠。

兰花螳螂　姜虹摄

② 竹节虫

　　兰坪县有一个叫作罗古箐的地方，周围是茂密的原始森林，我在当地一丛竹叶间，发现了一只神奇的昆虫。它身体修长，极似竹枝。前足短小，两对细长的中、后胸足紧贴在身体两侧。前足经常攀附在竹叶的柄基上，后足紧抓竹节。它在竹枝上停息时，有时将中、后胸足伸展开。我微微抖动几下，它便坠落在草丛中，收拢胸足，一动不动地装死。于是我假装离去，它立即起身溜之大吉。

　　这便是竹节虫，广泛分布于热带、亚热带地区，种类达2500余种，但在中国境内仅有20余种。竹节虫不同种类间体型差异很大，小的不及火柴棍，大的有数十厘米长。尽管外形迥异，但它们的拟态绝技都能独步天下。

　　细看竹节虫：躯干、腿、触须细长而分节，宛如一段天然的竹枝。在植物上活动时，它能将自己的体形调适，与植物形状相吻合，惟妙惟肖地模拟成植物的枝叶。更为神奇的是，竹节虫还能根据光线、湿度、温度的差异改变体色，让自身完全融入周围的环境中。要是它一动不动，你根本察觉不到它的存在。即便你已经发现目标，只要稍不留神，它就会从你的视野中瞬间"消失"。它的身体与周围的枯枝实在是太相似了，仿佛枝条上的纹理都被它刻意"定做"到了自己身上，让自身完全融入周围的环境中，使鸟类、蜥蜴、蜘蛛等天敌难以发现它的存在。

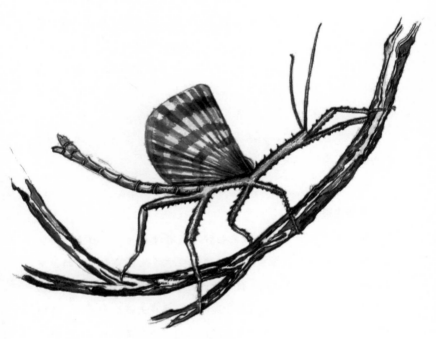

刘克锦绘

竹节虫行动迟缓，白天静伏在树枝上，晚上出来活动，取叶充饥。由于伪装技巧高超，所以一般不会被敌人注意到。只有在爬动时才有可能被发现。当它受到侵犯飞起时，突然闪动的彩光会迷惑敌人。但这种彩光只是一闪而过，当竹节虫着地收起翅膀时，它就突然消失了。这种逃生术被称为"闪色法"，是许多昆虫逃跑时使用的一种方法。

凭借独步天下的拟态本领，竹节虫几乎没有天敌。别看它们身体修长纤细，吃起树叶来却让人瞠目结舌。它们生活在森林或竹林中，是森林的害虫，有的种类还危害农作物。

同样的技术能力，会造成截然不同的后果，关键看技术掌握在谁的手里。为利为害，就在一念之差。

孤雌生殖

除了拟态，竹节虫中的某些种类还有神奇的"孤雌生殖"特性。所谓孤雌生殖，就是指在繁殖过程中雌性竹节虫不与雄性交配，便能产下无父的后代。竹节虫的产卵方式有三种：一，从植物上散产于地表，这种方式有利于卵分散，减少天敌取食；二，将卵粘贴于植物枝叶上；三，把卵产在沙土内，先用足挖一小穴，产下卵后，即用沙土掩盖。"虎父无犬子"，竹节虫的卵多为椭圆形或桶形，外观酷似植物种子。这也是出于应对天敌的需要。当受伤害时，稚虫的足可以自行脱落，而且可以再生。高温、低温、暗光可使体色变深，相反，则体色可变浅。白天与黑夜体色不同，成为节奏性体色变化。

竹节虫　何既白摄

③ 荒漠竹节虫

　　竹节虫目昆虫因其高超的拟态术而广为人知，目前有记录的3科500属3000种，均为植食性物种，多分布于炎热潮湿的热带、亚热带地区。然而我从来没想到，在新疆广袤无垠的大荒野中，竟然也有竹节虫生活。

　　早春时节，石河子南郊的荒漠地带格外迷人，长距元胡、伊犁郁金香、鸢尾蒜、伊犁秃疮花等数十种早春短命开花植物争相开放，吸引来了众多的昆虫。漫步在荒野中，心情愉悦。这时，我发觉脚边一株枯萎的木黄耆枝条在不停摇摆晃动，我俯下身子查看，竟然是一只灰色的竹节虫，正小心翼翼地爬动着！该种为唯一一种在中国新疆的干旱、半干旱荒漠中分布的竹节虫目昆虫。其分布区域昼夜温差大，夏季极其干旱、炎热，而冬季则寒冷而漫长，因此获名荒漠竹节虫。

　　在我们的印象中，竹节虫一般是绿色或者棕色，而荒漠竹节虫不像它们生活在森林中的亲戚一样拥有华丽的色彩，以及能够飞行的翅膀。荒漠竹节虫身体细长、纤弱，树枝状，灰土色，表面光裸，完全无翅。

　　荒漠竹节虫的自我防御行为较为温和，一般情况下，荒漠竹节虫只要一动不动地呆在草丛中，就可以很好地躲过捕食者的眼睛了。我看到它一直保持前足外伸的姿势，与所在的木黄耆融为一

荒漠竹节虫　王瑞摄

体，很难被发现。而在我当天的观察过程中，忽然起风了，草丛被吹得轻轻摇动，而隐藏在其中的那只荒漠竹节虫竟然会随着微风一起摇摆，简直将拟态发挥得淋漓尽致。但见，眼前这只荒漠竹节虫在枝干上来回摇曳模仿树枝的摆动；受到外界惊扰时，便会立即逃向植丛深处，同时腹部向背方卷曲，这是模仿蝎的行为，作为最常见的防御手段。

此外，荒漠竹节虫有附肢再生的现象，在户外采集时常可见到断足的虫体，舍弃附肢的自残行为应该也是它们逃脱敌害的一种防御方式。新疆大学的陈新燕饲养观察期间，一头若虫在刚孵化的第二天便失去了右侧前足，经过17天，发生第一次蜕皮以后，断损的足再生，包括腿节、胫节和跗节。

除了逼真的寄主植物枝干拟态以外，荒漠竹节虫还具有许多荒漠昆虫相同的适应性特征，如体表较为坚硬、体色灰色或土黄褐色。同样，荒漠竹节虫所产卵的形态似植物种子，卵壳的结构可以很好地在干旱环境中保留水分，同时又透气，保证了胚胎发育所需氧气。

荒漠竹节虫具有逼真的拟态，在野外很难找寻成虫，而四龄若虫之前阶段的幼体则更加难以被发现，仅在极其偶然的情况下可采集到。竹节虫目的昆虫为半变态发育，荒漠竹节虫需经过5次蜕皮羽化为成虫。

由于荒漠竹节虫无翅且活动性差，环境的变化和人类活动的影响极易使其种群受到威胁。随着近几年城市建设的剧烈膨胀及人工

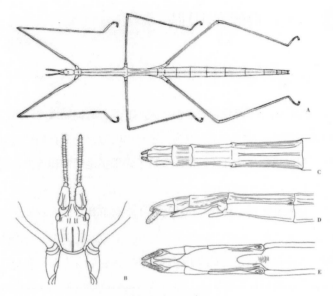

荒漠竹节虫　形态图

　　A：荒漠竹节虫成虫　B：头部背面观　C：腹部第7—10体节背
面观　D：腹部第 7—10体节侧面观　E：腹部第8—10 体节腹面观

　　绿化力度的加大，荒漠竹节虫的自然生境受到了严重的破坏，分布
地也越来越少。

4 猫头鹰蝶的眼睛

蝴蝶我们都不陌生，想必很多人小时候都有捉蝴蝶的经历。想到蝴蝶历经千辛万苦，才蜕变为一道亮丽的风景，而它们成虫阶段的生命仅仅只能延续几个星期。我对于蝴蝶多是同情和惋惜，记住的大多是它带给世间的美丽。

一般意义上讲，蝴蝶在昆虫界属于弱势群体，当面对天敌的时候，它们既没有进攻的"武器"，也缺少有效的防御本领。因此多数蝴蝶的防御策略是"御敌于国门之外"，它们身上拥有保护色，可以将自己很好地隐藏起来，也有些蝴蝶可以通过拟态和环境融为一体，比如枯叶蝶。相比于这些被动的防御策略，猫头鹰蝶可谓"艺高人大胆"。

猫头鹰蝶生活在中美和南美地区，它的翅反面具有类似猫头鹰羽毛的纹路，后翅更具明显的大型眼纹，好像猫头鹰的大眼睛。猫头鹰蝶因此得名。其翅正面以暗色为主，并带有蓝色、橙色或白色纹。它们大多成群生活于森林中，成虫在晨、昏时活动，常聚集于腐败水果上吸食。

猫头鹰蝶翅膀上为何会长有大眼睛呢？关于它的功能，科学家一直处在争议之中。主要有两种观点。

一种观点认为，猫头鹰蝶"大眼睛"的功能就是欺骗捕食者。

猫头鹰蝶

在它们下层两侧翅膀上，分别有一处像猫头鹰眼睛一样的图案，看起来有点凶神恶煞。在中美洲、和南美洲地区，猫头鹰蝶的主要天敌有蜥蜴、小型鸟雀，而猫头鹰恰恰又是蜥蜴和小型鸟雀的天敌。因此，科学家认为猫头鹰蝶身上的图案是一种警戒，功能就是欺骗捕食者，让对方误认为正有一只大眼睛动物在凶狠地瞪着它们。

另一种观点和上面的看法截然相反。当猫头鹰蝶四翅合拢时，每边只能看见一个眼斑，并不像猫头鹰的脸。而如果它将翅展开，显出的就是正面的鲜艳颜色，更谈不上像猫头鹰。只有在人工条件下，将猫头鹰蝶做成标本，并以一个特定的角度展示的时候，它才看起来像猫头鹰；在自然环境下的活体和猫头鹰相去甚远。因此，另一部分生物学家并不认为这种眼睛状斑点能起到吓唬作用，恰恰相反，这种形象的鲜艳图案是为了转移天敌的注意力，让掠食者误将其翅膀当成某种动物的眼睛，从而忽视蝴蝶头部等重要部位的存在。

可是这里面依旧存在一个问题无法自圆其说。如果两只"眼睛"仅仅是吸引天敌的注意力，保护身体重要部位，那么"眼睛"的位置越靠近翅膀的边缘越有利，可为何它们要长在翅膀的中间？

当前这两种观点的争论还在继续，只有通过进一步的实验和调查才能接近事情的真相。

但是当猫头鹰蝶蜕下最后一层皮，进入了蛹期的时候，它们就会换上以一副装备，这可以实实在在地恐吓不少天敌。为了避敌，猫头鹰蝶的蝶蛹伪装成毒蛇头的样子来吓退捕食者。与其他蛇形模仿秀不同的是，猫头鹰蝶的蛹可以感知到外部世界，然后从内部进行应对。当敌人靠近时，蛹可以感受到它们的运动，并且前后摇动躯壳，造成一种蛇在移动准备攻击的假象，以此吓退敌人。

　　猫头鹰蝶翅膀的图案，无论是善于"唬人"，还是"丢卒保帅"，那都是长期的进化赋予它们特殊的能力，这一点毋庸置疑。

猫头鹰蝶

⑤ 枯叶蝶

全世界现已发现并记录的蝴蝶达14000多种，在这些色彩艳丽的蝴蝶中，有一种蝴蝶被称作 "森林里的伪装大师"：在空中翩翩起舞的时候，它是彩色的；在受到惊吓的时候，它是暗黄的。它就是著名的拟态物种——枯叶蝶。我在云南出差的时候听说丽江黑龙潭公园里就有这种神秘而又奇异的蝴蝶，于是走上寻找枯叶蝶的探秘之旅。

在那林间幽径的深处，不经意间在一棵老树的枝丫上，我发现了那貌似枯叶蝶的小生灵！此时，它静静地待在树杈上露出它的正面（背部）：翅膀呈现出五彩斑斓的艳丽，其色彩为绒缎般的墨蓝色，闪动着耀眼的光泽，可与凤蝶媲美。前肢中部横有一条金色的曲边宽斜带纹线，恰像佩着一条荣誉的绶带。前后翅点缀着白色的小斑点，前后翅的外缘均镶嵌着深褐色的波状花边。

我取出相机聚精会神地给它拍特写，"咔嚓"的相机声，使它受到惊吓。突然间，枯叶蝶翅膀收拢，露出它的反面（腹面），呈枯叶色。从前翅顶角到后翅臀角处有一条深褐色的条纹，加上几条细纹，酷似叶子的中脉和支脉。翅间杂有深浅不一的灰褐色斑，很像叶片上的病斑。上下翅连起来像一片枯叶，前翅是叶尖，后翅是叶柄。头部向外，尾部朝向主干，这样看起来就更加惟妙惟肖了。

枯叶蝶

它的后翅末端拖着一条和叶柄十分相似的"尾巴",静止在树枝上,很难分辨出是蝶还是叶,从而避过我这个"天敌"。

我仔细地观察着,旁边经过的小朋友对此非常好奇。可是他只看到眼前的枯叶,忍不住用手轻轻触碰,枯叶蝶忽然身体一抖,倏的一声向空中飞去了。小朋友的无心之举打乱了我的观察。不过这也让我意识到,无论多么高明的隐身,一旦被发现,还是三十六计走为上计。

旁边的小朋友又惊又喜,我告诉他:"这是枯叶蝶,是昆虫界的一位'魔术师',当它的身体轻轻地落在无叶的树枝上时,便会化为一片枯叶,与树枝融为一体。这就是昆虫界中的拟态现象。"

可是这种拟态是怎么形成的呢?小朋友显然不满足我刚才的回答。

这还得从进化上谈起。达尔文把在生存斗争中"适者生存、不适者被淘汰"的过程叫作自然选择。最开始的时候,枯叶蝶的体色存在着变异。有的与环境相似,有的与环境差别较大。敌害来临时,体色与环境差别较大的枯叶蝶容易被发现、吃掉,这叫不适者被淘汰。与环境相似的枯叶蝶腹部黄色,飞行时引人注目,落地却如一片枯叶,不容易被发现故而存活下来,这叫适者生存。活下来的枯叶蝶繁殖的后代,有的体色与环境一致似枯叶,有的与环境还有差别。敌害再来时,体色与环境还有差别的枯叶蝶被吃掉,而体色似枯叶的枯叶蝶活了下来……这样经过若干代的反复选择,最终活下来的枯叶蝶似枯叶,不易被天敌发现。这就是自然选择的结果。

从枯叶蝶身边经过，我想起了林清玄赞美它们的一句话，"在飞舞与飘落之间，在绚丽与平淡之间，在跃动与平静之间，大部分人为了保命，压抑、隐藏、包覆、遮掩了内在美丽的蝴蝶，拟态为一片枯叶。"

刘克锦绘

昆虫拟态

是指一种昆虫对另一种生物的模仿，其主要目的是为了躲避天敌和主动捕食，是昆虫在长期的进化史中出现的一种保护对策，这是一种极高的生存智慧。

6 模仿便便的毛毛虫

窗外下起了雨，沙沙沙沙，雨停以后，楼下花坛里爬出了许多毛毛虫。它们使劲扭动着身子，一摇一摆地向上爬，像一群喝了酒的"醉大汉"。毛毛虫在幼虫时期特别柔弱，稍不留神被鸟儿叼了去，就会变成鸟儿的餐饭。可是，我一直困惑，为何它们看起来却活得那么逍遥？

最近，我在一篇文章上看到，科学家在日本发现一种独特的毛毛虫，它们能够模拟成鸟类粪便的样子，避免被掠食者吞食。这种生长在日本境内的毛毛虫体色黑白相间，乍一看很难相信它们是栖息在绿叶上的毛毛虫。然而这种毛毛虫栖息在树枝上时会扭曲身体，看上去非常像一坨鸟屎。这种拟态粪便的行为非常有效，增大了毛毛虫的幸存率。

其道理很简单，很少有鸟类会吃其他动物的粪便。事实证明，鸟类攻击"粪便毛毛虫"的概率仅是普通毛毛虫的三分之一。但不是所有的毛毛虫都心甘情愿拟态成粪便。

有一种叫作西美蜡梅燕尾蝶的蝴蝶，黑色和橙色相间，主要以花蜜为食，其中包括杜鹃花、日本金银花、乳草和蓟属花朵的花蜜。许多观赏者看到它们之后都被这种蝴蝶的美丽而吸引。西美蜡梅燕尾蝶毛毛虫乍一看就像一条可怕的小蛇，它们通过模拟蛇的体

毛毛虫　何既白摄

色和眼睛，来抵御掠食者的攻击。其身体呈现醒目的黄色和绿色斑块，不仅仅伪装成眼镜蛇的花纹，还"长着"一对蛇的眼睛。这种奇特伪装能帮助它们吓跑部分捕食者。

西美蜡梅燕尾蝶及其幼体

毛毛虫的化学武器

西美蜡梅燕尾蝶的毛毛虫不仅会模仿，它们身上还带有化学武器。当它们刚孵化出来时，多数时间都隐藏在树叶之间，以檫树或洋蜡梅树树叶为食。后来，这种毛毛虫会在头部长出叉状肉质器官，用于喷射令人讨厌的气味，使掠食者远而避之。

刘克锦绘

⑦ 烟灰悲雀的雏鸟伪装成毛毛虫

　　一个人的认识是有限的，而通过科学文献可以了解到更多未知的世界。我发现不仅有毛毛虫模仿成鸟粪，而且鸟儿也会模仿成毛毛虫的样子。

　　在南美洲亚马孙河和巴西的大西洋森林里，生活着一种名叫烟灰悲雀的小鸟，它属于雀形目霸鹟科黄白喉霸鹟属，这是一种小型的雀类。繁殖期的时候，烟灰悲雀将巢建在一棵约4米高、直径2~3厘米的小树上。一般鸟儿的巢穴附近都很隐蔽，而烟灰悲雀的巢却位于相对开放的地区，下层林间植被很少。巢位于两个树杈的分支之间，由干燥的叶子制成，从外形上看像一个蓬松的杯子。建完后，雌鸟便开始产卵，卵为淡黄色，重6克左右。

　　单从筑巢和孵化的过程中，看不出烟灰悲雀和其他鸟儿有何不同。不可思议的事情发生在雏鸟出壳后。

　　一般鸟儿出壳后，都是身披灰不拉几的绒毛，静静地待在巢中。而烟灰悲雀的雏鸟出壳后就身披亮橙色的羽毛。大多数鸟儿在雏鸟期的羽毛颜色都比较暗淡，多和周围环境的颜色接近，这样有利于避开天敌的捕杀。而烟灰悲雀却反其道而行之。它们雏鸟时期就有着靓丽的羽毛，和它们的巢以及周围的环境格格不入。要知道在自然界，橙色可是一种招摇的颜色，很容易被眼神好的天敌发

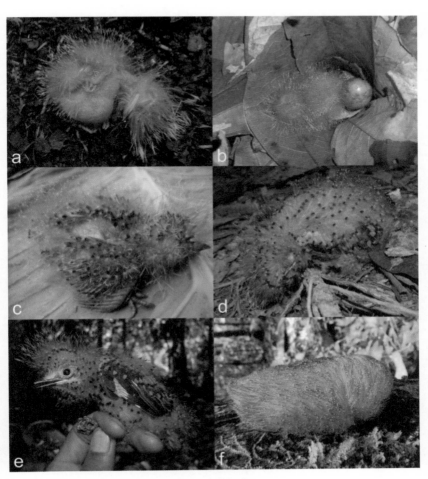

烟灰悲雀成长过程

现，比如猛禽和灵长类。而雏鸟时期的烟灰悲雀正处于生命中最脆弱的阶段，这个时候它们没有足够的能力应对这些天敌的袭击。更悲催的是：相比同等大小的鸟儿，烟灰悲雀20天左右的育雏期有些偏长。美国加州大学生物学家古斯塔表示，烟灰悲雀为了保证幼鸟的安全，不断改良它们的行为：成鸟每小时只给幼鸟喂食一次，这样能减少它们暴露的概率。幼鸟并不会向成鸟乞食，它们无法辨认飞到窝边的是父母还是掠食者。

据资料显示，繁殖期间烟灰悲雀80%的巢遭到破坏。人说穷人的孩子早当家。烟灰悲雀雏鸟在育雏期长和高捕食率的重重压力下，进化出一种神奇的生存策略。

从6天日龄后，烟灰悲雀雏鸟一旦受到外界干扰，它便慢慢地从一边到另一边，移动头部，如同一条毛毛虫在蠕动。它从外表的羽毛到行为特征都和一只毛茸茸的毛毛虫非常相似。烟灰悲雀长满了鲜亮的橘色长绒毛，毛的顶端为白色，它们甚至会像毛虫一样蠕动，从而有效地伪装自己。要知道在自然界中越鲜亮的毛虫毒性越强，掠食者将幼鸟误认为有毒毛虫，从而就不会攻击它们。烟灰悲雀这种伪装成其他动物的行为被称作贝氏拟态。

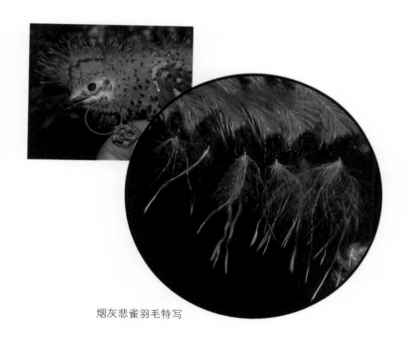

烟灰悲雀羽毛特写

贝氏拟态

贝氏拟态是英国博物学家亨利·瓦尔特·贝茨于1861年提出，"无毒物种可以（尤其在颜色和色彩图案上）演变成一种看似有毒或不可食的物种，或者行为举止更像一个有毒的物种，以避免被捕食者吃掉。"烟灰悲雀在早期阶段，和绒蛾科毛虫的大小、形态和行为上有惊人的相似之处。绒蛾科毛虫以毒性而出名。烟灰悲雀这种神奇的拟态在鸟类中也是非常罕见的。

8 模仿蚂蚁的蜘蛛

有这么一个故事：小蚂蚁十分羡慕蜘蛛。它常常想："要是我也能像蜘蛛那样，会吐丝该多好！只要织好网，就可以张网以待。而我呢，却需要天天干重活。"而蜘蛛也在叹气："我这个名副其实的'起夜家'，半夜里还要工作，黑眼圈吓死个人了！要是像蚂蚁那样就好了……"

自然界中蚂蚁羡慕蜘蛛不好解决，但是蜘蛛若想过蚂蚁的生活，还是有可能的，它大可模仿蚂蚁的样子，和蚂蚁一起生活。模仿蚂蚁不是为了装酷，而是为了获得某种利益。

蚁蛛不是昆虫，而是一种无论在形态还是色泽上，都酷似大蚂蚁的蜘蛛。蚁蛛体型窄长，与蚂蚁相似。其体躯分为头胸、腹 2部分，这一点与体躯分为头、胸、腹3部分的蚂蚁不同。另外，在形态上最重要的区别是：蚁蛛有步足4对，而蚂蚁步足只为 3对。在活动时，蚁蛛常将第1步足上举，且不断挥动触肢，状如蚂蚁的触角，因而不仔细观察难以区别。

蚁蛛属游猎型：不结网，作简易巢，常游猎于稻田、棉田、果园和灌木丛等场所的枝叶间。而蚂蚁常营造地下巢，也有些种类将树叶缀成巢穴。

因为长得很像蚂蚁，它可以混迹于蚂蚁中而不被发现，从而

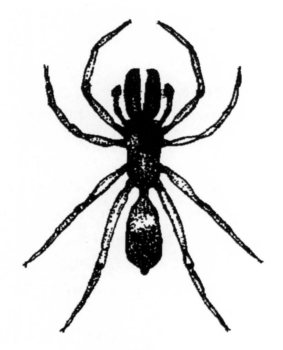

蚁蛛

可以趁敌不备，取而食之！不知道有多少蚂蚁就是这样成为它的食物。蚁蛛本身并不是昆虫，它的身体不是头、胸、腹三段结构，只有头胸部、腹部这两段，于是它在自己的头胸部来了个深深的沟，生生造出个假头和假胸。而且它比蚂蚁多一对足，于是它用第一对足来模拟蚂蚁的触角。它的视力很好，但走动时前足会颤颤悠悠地摆动，这是为了模拟蚂蚁触角的动作。这样煞费苦心，为的是守在蚁巢边上捕捉蚂蚁。有的蚁蛛甚至可以用前足和蚂蚁进行短暂的"触角交谈"，以消除蚂蚁的戒心。

蚁蛛就这样插入蚂蚁行列，常能达到鱼目混珠的效果。蚂蚁误为同伴，毫无戒备，蚁蛛却大施杀手，捕食一只又一只蚂蚁。不仅如此，蚁蛛猎杀蚂蚁的同时，还能凭借自己酷似蚂蚁的外表，逃避敌害的侵袭。这是因为蚁群的防御功能很强，很多捕食性动物不敢招惹它们。蚁蛛能捕食蚂蚁，从这一点上来讲，它应属较为进化的类群，已经进化出捕食社会性很强的蚂蚁的能力。

物种之间的模仿是不是既有趣又残忍？蚁蛛借助于模拟蚂蚁，既可在敌害面前保护自己，又可在猎物面前隐蔽自己，这样的拟态具有防御和捕食的双重功能。

无独有偶，在澳大利亚也有一种投绳蜘蛛，它自己并不张网，而是将一根丝线以投绳的方式丢出去捕捉猎物。它的食物是一种蛾，而且它只吃雄蛾，这又是为什么呢？

其答案就在附着于丝的黏液上。原来，这种黏液能发出与雌蛾的性激素很相似的气味，所以能够引诱雄蛾上当。这种气味拟态，也是一种进攻性拟态。

　　自然界中，蚂蚁是一支凶狠的"部队"，假如蚂蚁发现外敌，群起而攻之，再分泌蚁酸，或者使出蜇针，即便是大型鸟兽来也难以忍受，更何况那些微小的昆虫、蜘蛛类！因此，如果模拟蚂蚁可以避免被它们攻击，让自己过得舒适一点，何乐而不为呢？模仿蚂蚁又叫"拟蚁"现象，动物界模仿蚂蚁的动物有几百种之多。

　　小小昆虫、蜘蛛看似弱小，却在生物进化的历史长河中经历了地球环境的巨变，经受住各种动物的攻击、捕食，繁衍和发展到现在。它们既无凶猛的牙齿和脚爪来御敌，也少有灵活机动的逃跑方式。它们的存活之道异常艰难，因此也就有了精彩纷呈的生存技能。

蚁蜘与蚂蚁的区别

	蚁蛛	蚂蚁
体躯	分头胸、腹2部分	分头、胸、腹3部分
腹部	不分节	分节
触角	无	有
眼	单眼	复眼
触肢	1对	无
足	4对	3对
翅	无	2对，1对或无
呼吸器官	书肺兼气管	气管
纺器	有	无

⑨ 鬼面天蛾

　　对于蛾子，我见得多了。小时候家住农村，一到晚上，四面八方的蛾子都会向着灯光靠拢。常见的事物往往不会在意，直到看了一部恐怖电影《沉默的羔羊》，我才开始重新认识它们。电影里面有一种令人毛骨悚然的蛾子——鬼面天蛾，它的头部长有骷髅图案，非常恐怖。这还不算，鬼面天蛾最令人恐惧的地方在于它能发出古怪的吱吱声。

　　我知道很多昆虫可通过摩擦身体部位制造声音，比如大家熟悉的蟋蟀，就是依靠翅膀和腿根部的摩擦而发出不同的声音。但是通过身体内部制造声音的昆虫就少见得多，目前我知道的只有某些天蛾能发出吱吱叫的声音。鬼面天蛾是如何发出声音的，一直是我心中未解之谜。

　　不久前，科学家利用先进的设备，首次记录了鬼面天蛾内部发声系统的运作过程，找到了其发声的原理：它们的发声系统由两部分组成，类似手风琴，可通过快速活动制造声音。以赭带鬼面天蛾为例，它们吸进空气，这会导致其嘴部和喉咙中间的内唇快速振动。接着，其内唇张开排出空气，由此又产生了一种声音。赭带鬼面天蛾的发声系统运动速度非常快，每次吸气和呼气只需要0.2秒。

　　那么鬼面天蛾发出声音有何目的呢？对于这个问题，科学界存

刘克锦绘

在争议，我倾向于下面的观点。

科学家认为鬼面天蛾发声的原因与其偷食蜂蜜的习性有关。日夜守卫在蜂房周围的"卫兵"英勇善战，机警万分，随时准备反击任何入侵之敌。然而，鬼面天蛾能模仿蜂群蜂后的声音，发出急促的噪音。当蛾子来袭时，"假蜂后"会发出声音通知工蜂停止活动或静止下来。接着，鬼面天蛾趁蜜蜂们的暂时混乱，混过"卫兵"严守的岗哨，一举进入"攻不破的堡垒"——蜂房，掠取了可口的佳肴蜂蜜之后，又轻而易举地飞逃出来。

研究者曾观察到鬼面天蛾接近蜂群时会发出吱吱声，进入蜂群内部之后还会继续发声。此外，有3种鬼面天蛾发出的声音各不相同，这是因为不同蜜蜂的发声也有所差别，因此鬼面天蛾发出的不同的声音可能是为了应对不同的蜜蜂。

鬼面天蛾

⑩ 角叶尾守宫

　　我以前读过《小壁虎借尾巴》的故事，小壁虎遇到天敌，尾巴可以自动脱落，不久之后就可以长出新的一条来。这是它躲避天敌的一种策略。后来，我发现壁虎的避敌之策不止断尾一种，有的壁虎有着惊人的"易容术"。

　　我第一次听到角叶尾守宫这个名字时，很是茫然，甚至不知道它属于哪个界。后来才知角叶尾守宫是一种壁虎，主要生活在马达加斯加，是平尾虎属的成员之一。和许多种类的壁虎一样，角叶尾守宫也是昼伏夜出，它们只在夜间进行捕猎。角叶尾守宫个头不大，但是胃口不小。它们几乎能以一切吞得下去的动物为食，包括蟋蟀、苍蝇、蜘蛛、蟑螂和蜗牛等。

　　不过，角叶尾守宫的天敌也不少，包括一些鸟类、蛇和老鼠。最好的御敌之策是不要被掠食者发现。这就得说到角叶尾守宫的伪装技能了。我曾在一位朋友家里看到饲养的角叶尾守宫。我看了半天，除了一段树枝上的枯叶什么都没有发现。

　　朋友耐心地给我指出角叶尾守宫，并告诉我，这是头部、躯干、尾巴。天啊！如果，如果不是朋友的指点，估计我是不可能发现的。它像极了叶子，全身都像。全身的形状就像卷起的树叶，从头部到尾巴，活脱脱的几片树叶连到了一起。不仅形状像，体色更

刘克锦绘

是可以如假包换。它背部的细条纹和身体上的皮肤纹理，竟然把叶子的脉络也模仿得惟妙惟肖。白天，它一动不动地悬挂在树枝上，或者隐身于枯叶之间。一些体型较大的个体，将自己摊平在树干和树枝上，用脚上的刚毛紧密地吸附在树枝的表面。看呐，它身体的边缘还具有流苏和褶皱，可以帮助它完美地抹去轮廓和阴影，从而隐身在树林间。

更为神奇的是，角叶尾守宫的颜色变化也多得令人难以置信，包括浅褐色、灰色、棕色等等，而且还会经常装点类似地衣、苔藓的绿色斑点。这种多样性使它们能很好地适应不同的环境。

无论是伪装成树叶，还是隐身于树干，角叶尾守宫都可以有效地躲避一些依靠视力吃饭的掠食者，特别是鸟类。但是百密一疏，它也有被天敌识破的时候，尤其是移动的过程中，比较容易暴露。

如果遭遇威胁，角叶尾守宫会利用尾巴的反光来迷惑掠食者，让敌害惧而远之。如果天敌没被唬住，继续靠近的话，它就会张大嘴巴，发出响亮的警告声。同时，伸出红色的舌头并分泌黏液，做出撕咬的动作。要是这些都失败了，它就采取最后的策略——逃跑。这时，它会熟练地跳跃到其他树枝上，或者直直地掉落到地面的落叶中，消失在天敌的视野之外。

角叶尾守宫的生存像极了我们人类社会，如今激烈的竞争，想要更好地生存，就要掌握多方面的技能。

角叶尾守宫

⑪　可以假扮不同动物的章鱼

　　前面我介绍过很多动物的拟态行为，它们各有各的绝招，模仿起别的动物足以以假乱真。但是它们往往只能模仿一种物种，很少听说有哪种动物可以模仿不同的物种。见识了拟态章鱼后，我对于动物的拟态行为有了新认识。

　　拟态章鱼一直到1998年才在印尼苏拉威西岛的河口水域被发现和分辨出来。它通常生活在有贝壳、虾蟹的河口水域。这类水域也是大型觅食者，比如鲨鱼喜欢光顾的地方。拟态章鱼本身无骨、无刺、无毒，附近也没有躲避之地。如果没有独特的生存策略，在这里根本不可能存活下来。

　　乍一看，拟态章鱼其貌不扬，通常只长到60厘米长，有8只触手，全身有黑白相间的条纹。但它是自然界中的顶级伪装高手，在1秒之内就能让自身与任何背景颜色相一致，尤其擅长模仿其他动物。它能模仿至少15种动物，包括海蛇，蓑鲉，比目鱼，海星，蟹，海贝，刺鲼，水母，海葵和螳螂虾，而且它还能"对症下药"。例如，它被鱼攻击时，就会模拟成鱼的天敌海蛇。

　　拟态章鱼是如何做到的呢？

　　拟态章鱼身体柔软，可以随意改变形状，它甚至能够通过肌肉结构来改变皮肤的构造，从而更好地模拟其他生物。如同我们玩过

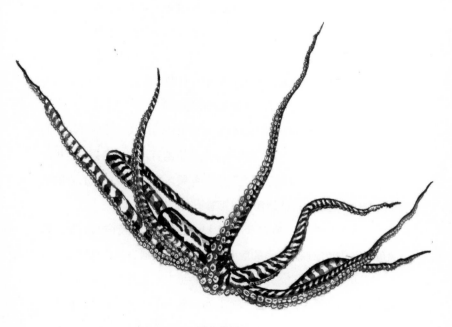

刘克锦绘

的橡皮泥，足够的柔软才能被捏出不同的造型。而硬邦邦的泥土却很难塑造成不同的形状。

仅仅能摆出造型还是不够的，颜色相符才可以。就像我们用泥巴捏出个"大公鸡"，涂上颜色才更加逼真。拟态章鱼体内的色袋能让它随意改变颜色。

通过改变颜色、皮肤构造，再结合伪装技巧，一条拟态章鱼片刻间就能从一个平滑的沙海底或岩石的暗礁下"消失"。

比如，它可以把自身的颜色变成狮子鱼的斑纹，然后利用它的8条腕臂大胆地展开游泳，就像狮子鱼有毒的背骨。或者，它也可以藏在沙堆的顶部，腕臂呈"之"字形伸展，形成一条巨大有毒的海蛇的模样。这造型，让捕食者见了怎不害怕！

令人惊奇的是，拟态章鱼本身也是"别人"模仿的对象：后颌鱼可以伪装成拟态章鱼的触手。拟态大师遭遇高手，真是强强对决。在印度尼西亚的海岸水域，有一种黑理石色彩的后颌鱼，它被描述成胆小的物种，喜欢在拟态章鱼的触手中伪装。看来，拟态章鱼本身也是强者，不然怎么有鱼把它当作保护伞呢！

拟态章鱼就如我们人类中的明星，一旦走红，后面就有人不断地模仿。

拟态章鱼

拟态章鱼变色的奥秘

它的身体里有数万个由肌肉网络来控制的色袋（色包），色袋含色素。通过放松或收缩色袋，拟态章鱼就可以随意改变自身的颜色了。

12 真假雀鲷（diāo）

我听过一个故事：《披着羊皮的狼》。一匹狼为了吃羊，把羊皮披在身上，混进羊群，结果被主人发现，死于非命。当时我还讥笑那匹笨笨的狼，后来从事动物学研究才明白：在自然界中，也有很多披着羊皮的"狼"，只不过它们和故事里的结局不一样。

拟雀鲷是一种小型的鱼类，大约12厘米，全世界有十几种，大都颜色鲜艳。有很多人喜欢饲养这种小型的鱼类。

澳大利亚大堡礁的珊瑚礁里栖息着黄色和棕色的拟雀鲷，它们属于同一物种，主要捕食另一种叫雀鲷的幼鱼。不知是有意还是巧合，雀鲷也有黄色和棕色品种。黄色的拟雀鲷通常生活在黄色雀鲷栖息地附近，棕色的拟雀鲷则与棕色雀鲷做邻居。

研究人员因此猜测，拟雀鲷的不同颜色是一种拟态行为。为了验证这一点，研究人员为拟雀鲷设置数个人工珊瑚礁，移入黄色的活珊瑚和棕色的珊瑚残渣，并分别投放不同颜色的雀鲷幼鱼。两个星期后，与棕色雀鲷幼鱼生活在一起的黄色拟雀鲷变成了棕色，而与黄色雀鲷幼鱼为邻的棕色拟雀鲷变成了黄色。珊瑚礁的颜色对拟雀鲷没有影响。

由此可见，拟雀鲷的颜色改变与环境颜色无关，只与同一个环境中雀鲷幼鱼的颜色有关。拟雀鲷的颜色与雀鲷幼鱼相同时，捕食

刘克锦绘

效率比二者颜色不同时高得多。雀鲷幼鱼可能把相同颜色的拟雀鲷误认为是本物种的成年个体，从而丧失了警惕性。

研究人员的发现揭开了拟雀鲷的庐山真面目，它就是一只"披着羊皮的狼"。

我把它们欺骗的伎俩，完整地叙述一遍：拟雀鲷与雀鲷的体色相近——逃亡者与捕猎者的谋划一致，不知道谁抄袭着谁。它们的核心词汇是使自己"变身"：雀鲷长着和拟雀鲷一样的肤色，希望借此避开天敌的视线；而拟雀鲷，能通过调整皮肤中两种色素的比例进行变色伪装，以便接近并捕食雀鲷的幼鱼，就像童话里混进羊圈的"披着羊皮的狼"。拟雀鲷凭借和雀鲷一样的体色，在接近时能避开猎物的注意，从而提高命中率。

猎手对猎物足够了解，后者却对危机从来没有充分的估计。这就是雀鲷的悲剧。

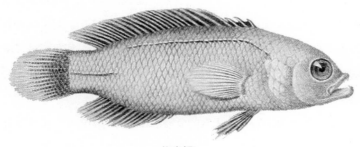

拟雀鲷

⑬ 尖吻单棘鲀利用气味伪装珊瑚

　　动物王国充满了不可思议的拟态，既有伪装成树枝或树叶等形态，也有改变身上花纹、颜色，"易容"成别的样子。但是我所知道的动物拟态多是视觉系，即通过视觉来欺骗"别人"。可是动物界的很多种类，是色盲，或者色弱，它们不依赖眼睛，而是靠着灵敏的嗅觉生存。正所谓一物降一物，还真有通过模仿别人的气味，来进行拟态的动物。

　　在大海深处，存在着无数的危险。一只娇弱的鱼儿（尖吻单棘鲀）在珊瑚丛中寻觅食物。它游荡着，发现食物了，满心喜悦地游了过去，准备大快朵颐。当它吃饱即将游走的瞬间，一张可怕的大口，突然将它卷起！

　　在我以为它小命不保的关头，它却又被放回来了。咦，明明是到嘴里的食物，为什么还会放走呢？

　　原来，这是尖吻单棘鲀所使用的伎俩！刚才那张可怕的大口，根本就没有发觉它的存在！作为一种珊瑚礁鱼类，尖吻单棘鲀身上带着色彩明艳的图案，恰好融入它那色彩斑斓的"家"——珊瑚礁中。从外形上看，它就像是一捧珊瑚，很容易把捕食者蒙骗过去。

　　但是要做到神乎其神，除了外形像珊瑚，尖吻单棘鲀也让自己的气味闻起来像珊瑚。一般来说食肉动物主要通过嗅觉来探测猎物

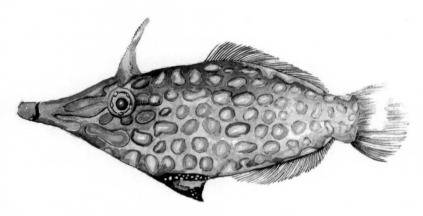

刘克锦绘

的位置，有些时候即便是视觉伪装得很好，捕猎者也可以根据猎物身上释放的味道进行准确定位，找到猎物。改变味道可以通过饮食实现，而尖吻单棘鲀身上散发的正是它所吃的珊瑚的味道。它利用这股珊瑚味儿来将自己深度隐藏，这种技能是它躲避狡猾捕食者的气味伪装。

为了研究这种气味伪装，科学家把尖吻单棘鲀、它所吃的珊瑚，和它的天敌鳕鱼一起放入水槽内。尖吻单棘鲀被藏在水族箱中带有排孔的容器中。这样鳕鱼只能闻得到气味儿，却看不到它的猎物。神奇的一幕上演了，研究人员发现，鳕鱼极少在装有尖吻单棘鲀的容器周围游荡，可见鳕鱼根本就没有发现尖吻单棘鲀的存在！

更绝的是，尖吻单棘鲀的气味伪装甚至愚弄了以珊瑚为食的螃蟹。当研究人员让螃蟹在它们最钟爱的珊瑚和尖吻单棘鲀之间做出选择时，它们往往会选择尖吻单棘鲀。可见，尖吻单棘鲀模仿得比真的珊瑚还真。

很多无脊椎动物，如毛毛虫，可以从食用的植物中获得化合物，经过吸收加工，使得自身的外层皮肤散发特殊味道，以便躲避饥饿的捕食者。但尖吻单棘鲀是第一种被发现用气味儿来伪装的脊椎动物。

尖吻单棘鲀

⑭ 虎斑颈槽蛇

　　虎斑颈槽蛇，也叫虎斑游蛇，俗称"野鸡脖子"， 是中国数量较多、分布最广的蛇类之一，除新疆、青海、台湾、广东、海南外，全国均有分布。它们生活在山地、丘陵、平原地区的河流、湖泊、水库 、水渠、稻田附近，食性广泛，捕食鱼类、蛙类、鸟类、昆虫、鼠类等。

　　第一次见到虎斑颈槽蛇，我便被它美艳的外表深深迷住。它的身体以草绿色为主，颈部至身体前三分之一段则是鲜艳的橘红色，还长有很多横向的黑色条纹，头部也具有黑色斑纹，这正是它名字里带有"虎斑"的原因。虽然拥有美丽的外表，它可不满足于当"花瓶"，这样的外表可以很好地隐藏在草丛中，绿色身体上杂乱无章的花纹和茂密的草丛融为一体，让试图攻击捕食它的天敌眼花缭乱。

　　作为半水栖的蛇类，虎斑颈槽蛇最钟爱的食物就是青蛙和蟾蜍。发现猎物时，它会悄悄靠近，来到猎物身旁突然攻击，将青蛙或者蟾蜍死死咬住。这个时候，猎物会做出最后的反击：将自己的身体充气鼓起，让自己变得庞大，难以吞咽，促使虎斑颈槽蛇松口。然而虎斑颈槽蛇有自己的办法，它的口中长有尖利的后毒牙，可以将青蛙或者蟾蜍的气囊刺破，让它们的"蛤蟆功"失效，进而

虎斑颈槽蛇　王瑞摄

吞食之。虎斑颈槽蛇是一种非常凶残的捕食者，捕猎成功后不会像多数蛇类一样勒死或者毒死猎物，而是将其生吞，任凭猎物挣扎或者惨叫，有时候青蛙被虎斑颈槽蛇完全吞进食道之后，还在绝望地叫唤。

当虎斑颈槽蛇离开草丛，来到植被稀疏的土地上。它之前的隐身衣便不能发挥作用，不过它会立即更换一套"服装"。此刻，它身体的保护色就会瞬间变成夺目的警戒色。红、黑、绿对比鲜明的三种颜色互相组合，明显是在警告捕食者："我有毒，离我远点！"

如果警戒色对天敌不起作用，虎斑颈槽蛇还有最后一个撒手锏——拟态。但见虎斑颈槽蛇昂头举颈，项部膨扁，肋骨张起，身体呈"S"形弯曲，并且发出"嘶嘶"的恐吓声，时不时地进行扑咬，使自己看起来像一条粗壮庞大的眼镜蛇。这种拟态简直惟妙惟肖，捕食者面对这样突如其来的防御方式，往往会落荒而逃。除了这般虚张声势，它们还会从排泄腔释放出一股极其刺鼻的恶臭气体，将"战场"的环境营造得更加恶劣。

不得不说，聪明的虎斑颈槽蛇同时具备了保护色、警戒色、拟态三种防御方式，并且能够很好地切换，使自己在弱肉强食、危机四伏的自然界顽强地繁衍生息。

由虎斑颈槽蛇想到：如果自己不是足够的强大，多一种本领，就意味着多一份成功的机会。

（本文作者王瑞）

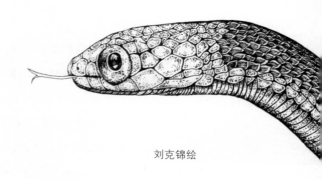

刘克锦绘

以毒攻毒

如果虎斑颈槽蛇吃下的是一只蟾蜍，那么这只蟾蜍提供的就不只是一顿食物这么简单了，为什么这么说呢？相比其他毒蛇，虎斑颈槽蛇拥有两套毒腺系统，第一套是它口腔里的达氏腺，能够自己分泌毒液。第二套毒腺位于它的颈部，如果虎斑颈槽蛇进食了蟾蜍，它就会将蟾蜍身上的毒液吸收，寄存在颈部的腺槽内，若是遇到危险，虎斑颈槽蛇的颈部也能分泌出红色或者黄白色的毒液。

⑮ 拟态苍蝇的蛾

拟态如同自然界的魔术师，只有你想不到，没有它做不到。最近科学家在一种蛾子身上发现一种图案，神奇到无法找到合理的解释。

请看图：两只苍蝇围在一坨鸟粪上，乍看不足为奇，夏季很多地方都可以看到这种场景。神奇之处在于这并不是真的苍蝇和鸟粪，而是一种蛾子身上的图案。就连发现这一蛾子的科学家也惊呼，如果不是亲眼所见，没有人会相信这一切是真的。

图中蛾子身上的图案是在一次马来西亚的观鸟之旅中，耶鲁大学的科研人员发现的。这种蛾子名叫刺哑铃带钩蛾，它并不是新种，早在1888年就被人发现并命名，主要分布在印度、日本、马来西亚等地的高海拔森林里，寄主植物为壳斗科的栓皮栎。

自然界中蛾子拟态鸟粪的现象并不稀奇，这是它们躲避天敌袭击的生存策略。很多凤蝶的幼虫在低龄期都像一条便便，确切说是鸟类的一条便便，茶色和白色相间的花纹，有些种类还会在图案上加上一些高光和亮点，让粪便看起来特别的新鲜湿润，充满立体感，简直比鸟粪还像鸟粪。可以想象其天敌的苦恼：这该如何下嘴？

但是，为何刺哑铃带钩蛾身上还有两只苍蝇，难道是这种蛾为了演得逼真些？假设如此，那么它就弄巧成拙了，要知道苍蝇是很多动物的美味，在身上"纹"两只苍蝇，岂不是引火烧身？

　　既然无法从正面寻找答案，我们不妨换个角度，看看刺哑铃带钩蛾的近亲身上是否也有类似图案。我们找到与它同属的亲缘种——哑铃带钩蛾。不看不知道，它的亲缘种竟然也是一位似态高手，正可谓不是一家人不进一家门！不过人家身上的图案，只是一坨鸟粪，没有苍蝇。这个好理解，拟态鸟粪是为了躲避天敌。

刺哑铃带钩蛾（上）和哑铃带钩蛾（下）

· 61 ·

然而，到了刺哑铃带钩蛾这里，它的前翅上多出了几个刺状突起（这也是它名字里"刺"的由来），人们认为这是苍蝇腿。可是，现实中，进化是有一个过程的，一般而言同属物种的差异不会太大。而从哑铃带钩蛾的模拟鸟粪一下子跳跃到刺哑铃带钩蛾模拟苍蝇，这个拟态对象的转变太大，且两个种之间缺少过渡物种。

　　我看到果壳网上有同学脑洞大开："是不是我们过度解释了，人家身上的图案，只是一坨鸟粪，而不是苍蝇。图中两颗点不是苍蝇的头，而可能是粪便中的种子。很多鸟类的粪便中都是这样的。"还有一种观点认为，图案上的苍蝇，属于特例，并不是所有刺哑铃带钩蛾的前翅都很像苍蝇。这倒算是一种解释，不过这蛾子模拟得太像，最后的真相还有待进一步验证。

拟态界的影帝

　　蛾子作为一种常见的拟态高手，它们极善伪装，可以拟态树枝、猛禽的眼睛、有毒的动物等，很多时候能够以假乱真，让天敌不知所措。

⑯ 蓑蛾自制外衣

　　7月，国内大部分地区暑气逼人，但是春城昆明迎来了雨季，天气更加清凉。一次雨后，我到公园散步，在草丛中寻找小动物。我见到一根灰褐色的枯树枝，落在绿色的草地上，当时都懒得多看一眼。但是，当我在另一片草地上，看到同样的细如筷子、长约1寸的"枯树枝"在缓缓移动的时候，我的心里大吃一惊：这竟然是一种动物！

　　怎么会有这样奇怪的虫子？我用手指拨弄了一下，谁知它立刻停止一切动作，像树枝一样掉到草丛中了。真会伪装！我扒开草丛，把它找出来，仔细端详：且看它，一身灰黄褐色的外衣，如同穿了一件土著人的草裙，"草裙"有6层，由密集的小树枝、树皮碎片编制而成，参差不齐，层层累加，逐渐缩短。这不是虫子的身体，分明是它的外衣、它的巢穴、它的护囊！

　　我又回过头去观察落在草地上的第一条虫子，它的巢穴也是一端较大，一端略小，呈锥形。不过，其材质不同于草丛中的那一条。草地上的这条，巢穴也有小树枝、树皮，但是混合了更多的树叶和草叶。我拿出放大镜仔细一瞧，发现在粗大的一端，有三对黑色的"小钳子"正紧紧地抓住草叶。过了一会，这虫子缓缓移动，巢穴从斜上变成斜下，头部和前胸逐渐露出来。它的头部、前胸呈黑褐色，间着黄色的竖条纹，上面布满细毛。

这两条虫子都是蓑蛾的幼虫，靠着自制的外衣（巢穴）来保护自己。蓑蛾幼虫在妈妈的肚子里孵化，然后爬出妈妈的巢穴，从口中吐出丝线，随着风儿飘散，然后在叶面、树枝上吐丝造囊。蓑蛾收集的材料要求是植物性的、干燥的、轻便的和易于处理的。因为每条虫子收集到的材料不同，编制的手法相异，因此没有两条虫子会穿着相同的外衣。而且，随着它逐渐长大，它也不断地扩大自己的衣裳，从开口的一端不断地向下"编织"，因此由细到粗，形成一个锥形。

自从孵化之时，蓑蛾就知道保护自己的重要性，如果资源有限，它宁可饿着肚子，也要先营造巢穴。蓑蛾的巢穴形态各异，材质不一，但是其色泽、纹理大都和环境融为一体。别看巢穴的外表如此粗糙，其实内里是光滑而舒适的。幼虫一直躲藏在里面，无论走到哪里都背着"屋子"前行。觅食的时候，它只需把头部、胸部弹出来，一旦遇到危险就立刻缩回去。不取食的时候，它一般躲在枯枝处，让低调的外衣显得更加隐蔽。

蓑蛾的行为奇特，一直在小心翼翼地躲避天敌，好像人们在躲避催债者一样，因此人们给它起了"避债虫"的外号。此外，它还有以下别称：木螺、袋虫、背包虫、结草虫、结苇虫、蓑衣丈人等。

蓑蛾幼虫是林木、果树、行道树的重要害虫，如黛蓑蛾可为害柑橘、荔枝、香蕉、龙眼、板栗、咖啡、木棉、枇杷、杧果、樟、相思、黄檀等40余科70多种植物；大巢蓑蛾为害茶、油桐、木麻黄、石榴、蓖麻等50余种植物；小巢蓑蛾为害茶、柑橘、樱桃、苹

蓑蛾　何既白摄

蓑蛾　邹桂萍摄

果、山楂、黄檀、相思、石榴、桃等30余种植物。

蓑蛾大都在清晨和傍晚取食，阴天的时候也会全天出动。刚孵化的幼虫食量小，取食叶片纤维之后，常常留下透明的网状脉。随着它们逐渐长大，啃食叶片就会穿透叶子，在叶片上留下孔洞和缺刻，严重时可以把树叶吃光。除了叶片，它们也吃植物的嫩芽、花蕾和果实，导致果树落花、落果，严重减产。吃光一棵树之后，它们又转移到附近的作物上继续为害，造成果实、种子产量的下降。

幼虫老熟之后，就吐丝将护囊固定在植物上，然后躲进囊内化蛹。雄虫羽化变成蛾子，从囊的下端飞出，去寻找自己的配偶。雌虫成熟后，没有翅膀，依然像蛆，所以仍栖息在囊内，仅伸出头、胸部，等待雄蛾飞来交尾。雄蛾飞来，停在囊上，在囊下端开口处交尾。雌蛾产卵在囊内或将受精卵留在腹中。每一雌蛾产卵约100～200粒，最多可达3000粒。

建筑师&时装设计师

全世界已知的蓑蛾约1350种，不同的种类、环境都会影响其巢穴的形状和大小。有的幼虫用枯叶搭建简易的帐篷；有的用树皮筑起瘦高的埃菲尔铁塔；有的用小木棒建筑螺旋的金字塔。蓑蛾真是了不起的建筑大师，或者说是巧妙的裁缝高手。看，有的幼虫用枯叶制成不规则的蓬蓬裙；有的自制丝绒包臀长裙，外加草片装饰；有的在枯黄的长裙外面，加上了青翠的披肩……每个款式都是限量版，各自引领风骚。

蓑蛾科的一种

⑰ 尺蠖丈量地球

　　暮春的一天，天气阴凉，我正在乡间小路上散步。道旁的扶桑长得嫩绿，几朵大红花零星地挂在枝头。当时没有一丝风吹草动，我正欣赏着扶桑花，忽然眼前的一片叶子动了一下。我正纳闷叶子怎么会动，而后定睛一瞧，原来是一条叶绿色的小虫子，伪装成树叶伏在叶缘，当它一动不动时几乎毫无破绽！

　　我凑近仔细一看，发现它长相奇特：身体浑圆而细长，头部以下有三对胸足，腹部后方有一对腹足，屁股上还有一对臀足。爬动的时候，它先用腹足和臀足抓住叶缘，前身拉直平伸，先斜上，后落下，用三对胸足抓住叶缘，而后腹足贴近胸足，腹部向上弓起，形成一道弯弯的拱桥，又像希腊字母Ω。我赶紧向朋友请教，得知它的名字叫"尺蠖（huò）"。

　　古人又把尺蠖叫做蚇蠖、斥蠖、蚗蠖等。务实的北方人认为，尺蠖有屈伸前进的特点，所以把它称为步屈、步曲，甚至步蚰。浪漫的南方人则认为，既然尺蠖每次爬行时都会弯曲起来，仿佛虹桥，不如将其美称为造桥虫。各地的百姓有把它叫做拱背虫的，也有叫弓腰虫的，还有把它叫做吊死鬼的。

　　尺蠖幼虫经过几次蜕皮，长大之后变成蛾子，叫做尺蛾。尺蛾科的拉丁名写作Geometridae，是"丈量地球"的意思。它的英文名

虫卵

蛹

幼虫

为害阶段

成虫

尺蠖的不同生长阶段

叫measuring worm（测量虫）、span worm（用掌测量的虫）、inch worm（英寸虫）或looper（环形虫），都是用来描述尺蠖爬行时的动作，和中国古人的命名有异曲同工之妙。

全世界尺蛾科的动物有超过2万种，其中不乏最令人叹为观止的拟态大师。看，一条桑尺蠖正在桑树枝上休息！它身着一身灰褐色的外衣，和桑树树枝一样的颜色，可谓低调不起眼。它的头部略小，尾部略大，就像树枝从基部到尾部的自然过度。它的身体上有些褶皱，模仿树皮上粗糙的突起。休息的时候，它要么斜搭在树枝和叶片之间；要么用腹足和臀足抓住树干，身体向后仰倒，和树枝呈一定的角度，就像自然向上伸出的小枝丫。无论是色泽、纹理，还是行为、神态，尺蠖看上去多么像一节小树枝，以此蒙蔽许多天敌的眼睛！

有时为了防止安全事故，尺蠖在后仰休息之前，从口中吐出一根丝线，将一头固定在树枝上，一头连着胸足和头部，就像攀岩人员的保障措施。别小看这根细细的丝线，这可是尺蠖遇险时的救命线！如果有人轻轻用手触碰一下尺蠖，它立即表演起幻影移形，霎时间就消失不见了。再仔细一看，发现尺蠖早已松开腹足和臀足，身体做自由落体运动，同时口中吐出更长的丝线，仅靠细丝悬挂在空中，随着微风左右飘荡。很多尺蠖在受到惊吓时都会吐丝下垂。

更加神奇的是，悬挂的尺蠖一动不动，好像"吓死"了。尺蠖懂得伪装的道理，既然装作一节树枝，就要佯装到底。这就是尺蠖的假死，等到危险过去，它又会"复活"过来。天敌离开之后，尺蠖开始扭动身体，向上方的树枝或树叶爬去。有风吹来时，它像是一个摆锤，轻轻地左右晃动。风一停，它接着扭动，爬高了些许，再一扭动，又爬高些许。不一会儿，它的头就够到了安全地带。

蜘蛛捕猎尺蠖　邹桂萍摄

　　尺蠖的体色多样，每种都根据生存的环境演化出独特的"彩衣"：模仿杏树枝条的，身体有着青黄的底色，上面点缀着红褐色斑块；模仿橡胶树枝叶的，一身翠绿色的外衣，节上装饰着一圈白色的点。它身体上的纹理多是模仿环境中的树枝或树叶。尺蠖如此弱小，所以它只能利用斑斓的外衣和种族的智慧，来躲避自然界凶残的捕猎者。

　　尺蠖以树叶、嫩芽、花蕾为食，为害果树、茶树、桑树、棉花和林木等，严重时造成光秃现象。但是，尺蠖并不是只能吃树叶的弱者，夏威夷有些尺蠖是肉食动物，它们利用自身的伪装色，埋伏在叶片或树枝上一动不动，等待着从身边路过的果蝇。趁着果蝇大意的工夫，尺蠖以迅雷不及掩耳之势，用三对胸足抓住猎物，然后送到嘴边慢慢品尝。

不过，尺蠖的隐身术也不是万能的，它的天敌有鸟类、蜘蛛、蚂蚁、姬蜂、茧蜂、寄蝇、步行虫、线虫和病毒真菌等，一不留神它就会成为别人的腹中餐。有一次我在扶桑树枝上看到一条尺蠖，它体长不到3厘米，身体黄褐色，头部、尾部和足部红褐色，像极了扶桑的枝条。当时，它似乎在扭动挣扎，和平常的伸屈不同，它是左右颤动，但是始终没有前进。我好奇地看着它，发现它的"头部"与众不同，特别圆、特别大。我赶紧拍了照片，放大一看：天呐！那根本不是尺蠖的头，而是一只体色相近的蜘蛛，它正紧紧地钳制住尺蠖的头部呢！

尺蠖能屈能伸，小孩喜欢它的动作，大人喜欢它的寓意。抛开尺蠖为害树木的天性，我们必须承认它是自然界造物的一个奇迹。

尺蠖之屈，以求信也

"尺蠖"这个名字，其实从周朝开始就有了。古人把尺子叫"蒦"，"蒦"字中下半部分是"又"，"又"在甲骨文中表示右手的意思。因此，"蠖"就是把手当作尺子，以做度量的虫子，用来形容尺蠖爬行时一伸一屈的动作，这是多么形象啊！我们几千年前的老祖先在《易经·系辞下》一书中说："尺蠖之屈，以求信也；龙蛇之蛰，以存身也"。意思是说，尺蠖之类的虫子，将身体弯曲起来，是为了将其伸长；龙蛇这样的动物，把身体蛰伏起来，是为了继续生存。人生也是一样，有时委曲求全，以退为进，是为了积蓄力量，弘扬大志。因此古人的文章中不乏对尺蠖品质的赞美之词。

附：作者野外考察照

高山攀岩

骑马进山

新疆冰沟

走近
伪装大师
——野生动物自然笔记

赵序茅　邹桂萍　著

3欺骗

山东教育出版社

林中猴　朱平芬摄

目录

欺骗行为 ………………………………… 1

1 大杜鹃 ………………………………… 2

2 鮟鱇鱼点灯捕猎 ……………………… 8

3 叉尾卷尾鸟的骗术 ………………… 12

4 蜂鸟的模仿秀 ……………………… 16

5 斑翅山鹑调虎离山 ………………… 20

6 红唇的欺骗 ………………………… 24

7 豺假虎威 …………………………… 30

8　负鼠 ………………………………… 34

9　装死的猪鼻蛇 ……………………… 38

10　棋斑水游蛇装死 ………………… 40

11　天花吉丁虫假死 ………………… 43

12　中美洲丽鱼 ……………………… 46

13　女巫萤的色戒 …………………… 49

14　蟋蟀 ……………………………… 53

15　说谎的青蛙 ……………………… 57

16　换装墨鱼 ………………………… 61

17　毛毛虫吹口哨吓天敌 …………… 65

附：作者野外考察照 ………………… 69

欺骗行为

　　美国杜克大学生物学家、《动物沟通的进化》一书的作者斯蒂芬·诺维茨基指出："人类之间的沟通充满了欺骗。" 其实动物界又何尝不是这样。一直以来，生物学家对于动物界的欺骗现象都感到迷惑不解。欺骗应该会破坏动物之间的信任，然而在进化过程中，自然选择更偏向于那些既诚实又会撒谎的个体。举例来说，非洲的叉尾卷尾鸟通常会向同类发出有危险的警报，但有的时候，它们也可能会发出假警报来赶走同类，从而独享美食。这样一来，欺骗同类的卷尾鸟就能占有更多的食物、哺育更多的后代。而与此相反，"诚实"的卷尾鸟就没有足够的食物来哺育更多的后代了。而当假警报行为变得普遍之后，自然选择就会更倾向于那些不容易受骗的卷尾鸟。也就是说，谁越善于欺骗，谁就越拥有繁衍的优势，因为说谎者能够靠着欺骗别人而获得食物；同样，越快察觉欺骗行为，也越有利于生存，因为能够避免自己被欺骗。不过，在自然界中，自立更生者仍占大多数。如果大家都是骗子而没有生产者，骗子去骗谁呢？

① 大杜鹃

　　如果你的宝宝被别人"掉包"，你还会把它抚养长大吗？大杜鹃就喜欢把自己的蛋下到其他鸟类的窝里，让其他鸟类不得不喂养一个将来会长得很"庞大"，甚至比它们自身还要大十倍的婴儿！

　　我发现，大杜鹃的欺骗是从雌鸟杜鹃袭击大苇莺的巢穴那一刻开始。第一步，它趁大苇莺妈妈外出时，进入大苇莺的鸟巢，毁掉其中的一个鸟蛋。第二步，它会把自己的蛋下到巢里，夹杂在里面，然后迅速离开，装作什么都没有发生。

　　杜鹃鸟的欺骗得以成功的原因就在于它是一个伪装高手，它所产鸟蛋的大小、颜色、花纹都和大苇莺的极像，足以以假乱真，以至于大苇莺妈妈都没有丝毫怀疑。大苇莺被欺骗抚养杜鹃的孩子，被称为杜鹃的"寄主"。

　　大杜鹃在不同地区有着不同的寄主，我发现在新疆地区，大苇莺是最合适的鸟选。大苇莺，俗称大苇扎，体长20厘米，嘴厚大而端部色深，上体暖褐色，腰及尾上覆羽棕色。头部略尖，眉纹白色或黄色，无深色的上眉纹。国内仅在新疆有分布，筑巢于芦苇丛中。

　　大杜鹃为何会选中大苇莺来为自己育儿？除了它个头小、好对付以外，大杜鹃利用大苇莺还有什么其他的原因吗？

大杜鹃　邢睿摄

首先，在新疆地区大苇莺巢数量较多，便于大杜鹃寻找和利用。在新疆，大苇莺的数量约是大杜鹃的6倍，由此可见利用大苇莺巢很便利。第二，大苇莺和大杜鹃都是食虫鸟，食性一致。这样一来，把孩子托付给大苇莺抚养，大杜鹃就不怕自己的孩子吃不饱或者吃不好了。第三、两者的交配期，孵化期，育雏期，重合度极高。最后一点也是最关键的一点是：大苇莺是个脸盲症患者，对卵和幼鸟的识别能力极差，经常连自己的孩子都不认得！可怜的大苇莺还会把大杜鹃的卵当作自己下的蛋来孵化，把大杜鹃的幼鸟当作自己的亲生孩子来抚养！

　　以上种种情况给了大杜鹃可乘之机。一场悲剧正在上演！我有幸记录到它整个骗局。

　　每年5月中旬，大杜鹃和大苇莺迁到本区后，大苇莺便开始选择配偶、占领巢区，在5月下旬到6月下旬进行交尾并筑巢垒窝。而大杜鹃亦在这一时期进行交尾，但交尾后雌雄并不在一起。之后，大杜鹃就开始了耐心的等待。

　　交配之后，大苇莺夫妇均参与筑巢活动，巢筑在密蒲、芦苇、柳丛上。筑巢时，先用纤维状的茎叶连接在3~4株芦苇或香蒲叶上，然后衔取狗尾草、马唐、冰草、芦苇、香蒲及稻草等干枯枝叶，由低至高，从外到内筑成巢的外层，巢内铺垫物多为纤维状禾本科植物的根、茎。野外发现，大苇莺筑巢活动最早见于5月22日，最晚延至7月上旬，营巢活动的高峰期在6月5~15日。

　　这段时期，我常见有大杜鹃雌鸟高踞于树梢枝头，观望大苇

巢寄生　吕秀齐摄

莺的活动，时而站立不动，时而突然起飞。在大苇莺筑巢的6—8天内，大杜鹃常从枝头飞到巢位附近的低矮树上或到支撑巢位的香蒲丛上伸颈探头观望巢址、认定巢位，就像小偷踩点一样，这时常常可以见到大苇莺在巢区上空奋力驱赶大杜鹃的情形。

由于两者卵的大小、形状、颜色及斑点都比较相似，而大苇莺又没有严格分辨异卵的能力，也就只好将异卵一同孵化。而它们雏鸟的孵化期也基本相同，11~13天后两种雏鸟都相继出壳，待全巢雏鸟孵出后，有了食欲时，大苇莺开始衔食育雏。

悲剧开始上演了。雏鸟孵出的第三天，大杜鹃的雏鸟两眼还未睁开，全身羽毛尚未长出，两腿还不能站立，便在巢中不断地滚动身体，把它身体接触到的大苇莺雏鸟一个个挤到巢边，然后一个一个地推出巢外，而自己则独享"养父"、"养母"的抚育。

可怜人必有可恨之处！大苇莺面对雏鸟竟然不能辨认，每天不辞劳苦地衔食喂雏，自己的孩子被赶出家也浑然不觉。经过二十多天的抚育，大杜鹃一经长大，离巢后便单独飞行，自由觅食，再也不向"养父"、"养母"亲近靠拢。大杜鹃这个忘恩负义的"孩子"便不辞而别，一去不复返了。

大苇莺　邢睿摄

大苇莺怎样筑巢

　　大苇莺将巢筑好后，便开始产卵。在6月上旬至7月中旬，机会终于来了！这时，大杜鹃的雌鸟频繁活动于大苇莺营巢较密集地段的上空，低飞俯视巢位。通常大杜鹃会在大苇莺产下1~2枚卵后，才在巢中产下自己的卵。这也是有预谋的，因为如果往大苇莺空巢内产卵的话，卵会被直接踢出。此外，聪明的大杜鹃在每个大苇莺巢中只产下一枚卵，将多个卵产到不同的巢中，一来可以提高幼鸟的成活率，二来把蛋放到不同的篮子中，可以最大可能地规避风险！

② 鮟鱇鱼点灯捕猎

　　我在海洋馆里见过很多鱼，它们大多五颜六色，体态丰盈。可是也有例外，当我看到深海鮟鱇鱼的时候，简直把我丑哭了。它的模样简直可怕、丑陋得令人发指！但见它皮肤粗糙，前半截身体像圆盘；后半截身体像细柱子；眼睛以及"杆子"长在头顶上；一张血盆大口；嘴巴里还长着锋利而倾斜的牙，基本上，如果猎物被咬中，绝不可能逃走。总之，如果你第一次看它，说不定会以为它来自外星球。

　　也许是因为自觉貌丑，又或者根本不曾在意过自己的相貌，反正，鮟鱇鱼自成鱼之后，便总是生活在海底，忍受着日复一日，年复一年的寂寞。在一片漆黑，深不可测的海底，一群群"星星"飘来飘去，像传说中黑夜里的萤火虫。你可曾想到，这就是神秘的鮟鱇鱼。

　　当我深入了解鮟鱇鱼的时候，才后悔自己不该"以貌取鱼"，别看人家长得丑，可是人家不靠脸吃饭。

　　鮟鱇鱼有一项重要的本领，即钓"鱼"。在海洋中，鮟鱇鱼称得上是真正的钓鱼能手，而且一向执行"鮟鱇公钓鱼，愿者上钩"的基本原则。

　　至于钓鱼竿，别担心，它一直随"头"携带——"钓鱼竿"就

鮟鱇鱼

在它的脑袋上方。这个"钓鱼竿"是由它的第一背鳍变化而来的，长长的，十分柔软，还能活动，顶端还有一团"钓饵"，能够一闪一闪地发光。"钓饵"内拥有无数发光细菌，鮟鱇鱼给它们提供了一个稳定的生活环境，而作为回报，它们通过发光帮助鮟鱇鱼吸引猎物。

为了更有效地吸引猎物，有的鮟鱇鱼还会用胸鳍在海底挖穴，把自己身体的一半埋进去，使自己的颜色和周围环境的颜色一致。深海中那些游来游去的动物呢，猛然在一片漆黑中看到点点灯光，似乎也没有其他异常，便想上前看看，然而，只要走近，就十有八九落入鮟鱇鱼之口。

悲哀的是，灯光引来的不仅有猎物，还可能是可怕的敌人，此时，鮟鱇鱼唯一要做的就是把自己发光的"钓饵"塞到嘴里去，越快越好！

还有一种鮟鱇鱼，它们没有"诱饵"，它们生活在相对浅一些的海水中，身体像一块土黄色的薄饼，在大陆架（即大陆向海底的自然延伸，是被海水淹没的浅水地带）上，它们张着大嘴趴在那儿一动不动。总有很多小鱼儿因为受到惊吓四处逃窜，它们看到了洞穴就拼命钻进去，哪里知道又中了鮟鱇鱼的"守株待兔"计谋：这洞穴偏偏是鮟鱇鱼的大嘴巴。

鮟鱇鱼行动缓慢，又不合群，在辽阔的海洋中，雄鱼找配偶可谓难上加难。在我们的星球上，无论是什么生物，繁衍后代总是头等大事，鮟鱇鱼自然不能免俗。有趣的是，在很长一段时间里，人们发现的鮟鱇鱼都是雌性的，难道这是一个"女儿国"？

科学家在开始研究鮟鱇鱼的时候，发现抓上来的几乎都是雌鱼，而且身上还有一些看起来像是寄生虫的东西。后来的研究发现，这些"寄生虫"其实就是极度退化的雄鱼。雄鱼像寄生虫一样附在雌鱼的身体上。而且有时候一条雌鱼身上还有好几条雄鱼。这样的结果是，雌鮟鱇鱼绝不会执行"一夫一妻"制，曾有人发现过体侧悬挂了8个精囊的雌鮟鱇鱼——也就是说，它"娶"了8个丈夫。当然，鮟鱇鱼中也有异类，有些种类的鮟鱇鱼如果找不到老婆，就会把自己变性成一只雌鮟鱇鱼。需要说明的是，并不是所有鮟鱇鱼都具有这种繁殖方式。鮟鱇目18个科中，只在4个科中发现了这种性寄生的行为。

发光细菌

不同种类的鮟鱇鱼拥有不同形状的"钓饵"。据科学家研究，这是因为不同的鮟鱇鱼的"钓饵"内共生的发光细菌不相同。这些细菌是如何找到目标，并在里面寄生的呢？没有人知道，大家唯一知道的是，大约在鮟鱇鱼处于童年时代的某一时期，会有大量的发光细菌寄生，然后开始大量繁衍，之后就不再有发光细菌找来。

3 叉尾卷尾鸟的骗术

　　小时候我听过《狼来了》的故事，它告诫我们一定要诚实，不能欺骗别人，骗人一次两次你觉得好玩，到了第三次的时候，人家再也不相信你了。在动物界中，也有相似的故事，所不同的是，它们欺骗了一次又一次，总能欺骗成功。

　　通过查阅卷尾资料，我无意中发现卷尾鸟的远方表亲，非洲的叉尾卷尾鸟专门通过欺诈其他鸟类而获得食物，堪称鸟类中的阴谋家。

　　非洲的叉尾卷尾鸟，喜欢跟在猫鼬和斑鸫鹛等动物的身后。如果发现它们找到可口的食物，比如一只肥肥的虫子，叉尾卷尾鸟们便会发出有天敌逼近的虚假警报，把它们吓走，从而自己享用一顿免费美餐。

　　为什么叉尾卷尾鸟不像寓言故事中的男孩那样失去信用呢？

　　叉尾卷尾鸟每天用四分之一的时间来进行准备工作——跟随潜在的忽悠对象。我们姑且以斑鸫鹛为例。在这段时间里，叉尾卷尾以雷锋般的光辉形象出场。当它们发现敌情时，会忠实地报警，而且不求索取。被跟随的斑鸫鹛听到了叉尾卷尾的信号，并借此逃避天敌。久而久之，斑鸫鹛逐渐习惯了听从叉尾卷尾的"警报号令"，降低了自己的警戒性，并把更多的精力投入到寻觅食物中，

叉尾卷尾

给了"忠实伙伴"叉尾卷尾欺骗自己的机会。

当发现斑鸫鹛找到一顿绝赞的美味时，我们的阴谋家叉尾卷尾果断开启了忽悠模式：发出伪造的报警信息，当鸫鹛闻声惊惶逃窜时，叉尾卷尾则施施然走上前去，将被匆忙丢下的食物据为己有。

通常而言，动物们互相交流发出的信号都是真实可信的——比如在逃避天敌时发出的声音、求偶时展示的体羽、占领地盘时散布的气味等。而在这样的大环境下，总会有投机者试图通过假信号谋求利益。不过俗话说得好，再一再二不能再三，单纯重复的欺诈行为终究会被识破。

即便是斑鸫鹛动物，在连续上当3次后也会自动忽略同一类型的报警声。叉尾卷尾鸟这时进一步显示出"欺骗大师"的才能，它们会连续两次发出同一物种的报警叫声，第三次则换成另外一种物种的警报，这种组合报警方法会让斑鸫鹛继续"中招"。叉尾卷尾鸟虽然会用虚假警报骗取食物，但有时也会发出真的警报。这种有真有假且灵活多变的"战术性欺骗"策略可能说明叉尾卷尾鸟拥有类似于心智理论所认为的复杂认知能力。

这种超级模仿秀"达鸟"可以发出少则9种、多则32种报警声音，被记录下的全部虚假警报声多达51种，其中包含了6种卷尾独有信号、45种其他物种的报警信号。它们甚至还有通过整合各物种报警声而改良出的独特信号。通过对这些假信号与真实信号进行灵活的组合运用，叉尾卷尾把耿直的斑鸫鹛、狐獴等戏耍得晕头转向。

纵然叉尾卷尾鸟如此高明，但一只叉尾卷尾每天通过欺诈行为获取的食物能量也仅占据其总摄取能量的23%，大部分食物还是靠自己努力寻找。从某种程度上看，欺骗确实可以不劳而获，但是仅靠骗生存，还是不行的。

刘克锦绘

卷尾

卷尾是一种雀形目的小鸟，在云南可以经常看到。卷尾俗称黎鸡、黑连，是常见的夏候鸟。它们的最主要的特点是嘴形强健，先端具钩，尾长而呈叉形。

④ 蜂鸟的模仿秀

叉尾卷尾是超级模仿秀"达人"，它哄骗邻居，就像在呼喊"狼来了"，让听到的邻居们落荒而逃，丢弃了自己的食物，而它则坐享其利。它还熟悉不同动物的警报系统，许多小鸟屡次中招。

无独有偶，我发现蜂鸟也是鸟类中的"大骗子"。

不为人知的是，蜂鸟家族中的刺喙蜂鸟具有惊人的模仿天赋，能通过模仿多种鸟类的声音迷惑捕食者，从而保护自己。刺喙蜂鸟会模仿知更鸟、食蜜鸟、玫瑰鹦鹉等鸟类的警告声。尽管它模仿得不是十分精准，但足以欺骗其他鸟类。

要想弄清事情的真相，实验是必不可少的手段。我们一起看一下动物学家们是如何设计实验，揭开刺喙蜂鸟惊人骗局的。

在第一个小实验中，研究人员用鸡毛做了一个假的刺喙蜂鸟巢，把天敌灰噪钟鹊放在附近，并播放提前录好的刺喙蜂鸟的模仿声。结果，灰噪钟鹊竟被分散注意力长达16秒之久！利用好这16秒，刺喙蜂鸟足以逃之天天。

在随后的试验中，研究人员来到真正的刺喙蜂鸟的鸟巢旁，并播放灰噪钟鹊的录音。这时，听到录音的刺喙蜂鸟立刻向同伴求助，而听到求救声的刺喙蜂鸟立刻模仿其他鸟类的警告声，就好像在说："厉害的敌人来了，灰噪钟鹊你快跑啊！"灰噪钟鹊往往会上当。

刘克锦绘

但是，刺嘴蜂鸟从不直接模仿鹰的声音，这是为何？原来，鹰的声音比它的声音大75倍，模仿难度太大。再说了，鹰在捕食时并不出声，再模仿就显得做作了。尽管大多数鸟类都知道使用特定的声音警告捕食者，但能再次模仿其他鸟类警示音的目前只有刺嘴蜂鸟。

看来人类和动物界彼此拥有自己的规则，人类中的诚实是一种美德，而一些鸟儿却可以通过欺骗更好地生存下去。

蜂鸟

蜂鸟是已知鸟类中身体最小、体重最轻的，也是唯一可以向后飞的鸟类。其中，吸蜜蜂鸟的平均重量仅有2克，比一枚硬币还轻，是世界上最小的鸟。

刺嚎蜂鸟

⑤ 斑翅山鹑调虎离山

前方突然传出"咯咯咯"的叫声和两翅"扑扑扑……"的鼓动声，定睛看去，那只鸟的体型、大小与鹧鸪相似，上体褐棕，杂以栗色短斑，两翅表面具有乳白色细纹，喉侧羽毛成须状，脸、喉与前胸均呈深棕色——原来是斑翅山鹑。另外，它的前腹具大块马蹄形黑斑，可以判定是一只斑翅山鹑的雄鸟。

我的突然出现，引起它的恐慌，只见它用力地往前飞，但不持久，飞行得不远，呈抛物线式落地。我再次向前的时候，它却很平静，反而没有了之前的慌张，昂首大步快走，边走边回头张望。走出几十米后又试探着向我接近。可我一靠近，它立马掉头走开。这分明是一边吊着我，一边又防着我。

赤裸裸的挑衅，而我却无可奈何！

既然追不上，我只好原路返回，不曾想我刚刚往回走了几步，那只斑翅山鹑竟然叫了起来，叫声低缓，间隔较久。之前百般想和你接近，你却头也不回地离开，我走之后，你又挽留。我没有太多的关注，依然离去。我又往前走了几步，它却连声高叫。真是莫名其妙！我正在困惑之际，意想不到的一幕出现了，雌性斑翅山鹑突然现身啦。

我恍然大悟，原来前面的那只雄鸟，引诱我去相反的方向，是

刘克锦绘

为了让我远离它的"爱人"，好一个调虎离山！

见我靠近，雌鸟立即逃走，两翼扑打着地面，半蹲似地前行，好像受伤似的，也不断地向后张望。我跟到一定的距离后，惊奇地发现，原先一瘸一拐的雌鸟突然间仿佛注入一股神奇的力量，立即飞走。

不是一家人，不进一家门，果然是一对啊！短短的几分钟内，斑翅山鹑夫妻给我来了两个调虎离山。想必，此处一定有它们的巢区，否则夫妻俩不会费这么大的力气来迷惑我。我沿着雌鸟飞出的方向，反其道而行，径直地找了过去。

在一道缓坡上一片茂密的草丛下，我发现一个直径20厘米左右，深约8~9厘米的土坑。上面布满了干草，伸手一摸，还有温度，我猜一定是刚才那只雌性斑翅山鹑孵卵的地方。可是卵在哪里呢？这个季节正是斑翅山鹑的孵化期。

我在巢附近仔细搜索了几遍，依旧没有发现。我轻轻地揭开上面的干草，土壤竟然是松的。我下意识地往下挖了几下，碰到一个滑滑的东西，掀开一看，原来是卵。接下来又发现了9枚。

好隐蔽的巢区，好有心机的斑翅山鹑夫妇。看来是我的出现打扰了人家的正常生活，于是我轻轻地把卵放回原处，盖上干草，识趣地离开。

斑翅山鹑　枪枪摄

⑥ 红唇的欺骗

　　滇金丝猴是除了人类以外唯一拥有红唇的动物。人类中，少女们性感的红唇极具魅惑，滇猴的红唇是否也是一种性感的标志呢？这还需要从猴群中寻找答案。

　　我发现年龄越大的猴子，它的嘴唇越发红润。这是个例还是猴群的共性？很多时候人类肉眼识别能力不足以发现细微的差别，我只好把猴群中的面部特征全部拍下来，放到电脑中，通过一种专门的软件来比对其中的差异。结果显示，群体中其他猴子也有类似现象：成年猴的嘴唇要红过青年猴。

　　难道是成年的公猴要通过红唇来吸引异性吗？

　　在滇金丝猴的社会里，老婆的数量是衡量雄性魅力的一个标尺。我仔细观察了几个家庭，那些长得英俊潇洒、嘴唇红润的大公猴，都不是拥有老婆最多的。反而是那些其貌不扬，但孔武有力，身经百战的大公猴拥有的老婆最多。按照滇猴的标准，它们才是最有魅力的。由此看来，雌性的选择和雄性的红唇关系不大。

　　可是到了发情期的时候，神奇的一幕上演了。那些没有老婆的雄猴，不仅行为低调，连面部的表情也发生了变化，往日的红唇正在慢慢褪去。发情期正是打扮靓丽，约会"女友"的季节，不知这些单身猴们为何如此低调。与之形成鲜明对比的是那些家庭主雄们

滇金丝猴红唇　朱平芬摄

（有家庭的大公猴），发情期到来时，它们的嘴唇更加红润，更加醒目。

人说察言观色，见微知著。

后来，随着我师姐朱平芬的研究文章发表，我们揭开了红唇的奥秘。在滇金丝猴的等级社会中，红唇是一种象征，一种权利的象征。如同人类封建社会中，龙的图案只有皇家才可装饰、佩戴，平民百姓一旦穿戴，那就是大逆不道，是要诛灭九族的。同样，特殊时期红唇的变化是一种力量的对比和生存的策略。主雄们的红唇暗示着自己廉颇未老，尚能一战。而红唇的褪去象征单身猴的一种妥协：（至少从表面上）表示它们没有窥视人家老婆的野心，可以获得暂时的平静。

主雄的位置如同皇帝的宝座，对于滇金丝猴而言，一旦坐上主雄的位置，就可以享受后宫佳丽的拥戴，因此，即便是肝脑涂地也有猴不断冒险。造反是极具危险的行当，没有猴愿意大张旗鼓地进行，除非它已经拥有了可取而代之的实力。一般情况下，单身雄性要击败有家庭的主雄猴，才可拥有自己的家庭。但是风险很大，失败了会被追着打。虽然滇金丝猴性情温顺，即便是争抢食物，也多是仪式化的进攻，但是在家庭的保护上，它们绝不心慈手软。发情期间，很多猴子的打斗非常激烈，甚至会闹出猴命来。

这个时候单身猴红唇褪去，只不过是为了掩饰内心的冲动，做给那些尚在其位的主雄猴们看的。这就犹如皇帝身边那些大臣们，越是野心勃勃，在皇帝面前假装得就越恭顺，以此迷惑皇

滇金丝猴母子　赵序茅摄

帝，积攒力量。

　　因此，对于一些渴望爱情，但是力量又不足以抗衡大公猴的猴子来说，发情期红唇的褪去，是一种障眼法，这是明修栈道暗度陈仓。滇猴的行为依旧可以映射到我们人类——没有本事的时候，就要学会低调。

滇金丝猴婴猴　夏万才摄

⑦ 豺假虎威

　　小时候听过狐假虎威的故事，一只狐狸借助老虎的威势，得以在森林中其他动物面前八面威风。实际上，自然界中"狐假虎威"的一幕不会出现，但是我知道另一种动物，倒是可以借助老虎的威势，为自己撑腰。

　　世界上几乎所有的猫科动物都畏惧水，但是孟加拉虎是个绝对的例外。孟加拉虎正是长期在水中、森林中练就了独特的水中猎杀本领，它可以游泳也可以潜泳，能够猎杀水中进食的水鹿等动物，甚至能与水中霸主鳄鱼一比高下，成为鳄鱼强有力的竞争对手。因此在湿地的水塘里，鳄鱼与孟加拉虎总是格格不入，争抢猎物时常擦枪走火。但是，同孟加拉虎争抢食物的还有更凶残更狡猾的对手——印度豺。

　　印度豺是豺狗的一个亚种，主要分布在印度半岛。印度豺是一种群居群猎的动物，个头不大，和家狗差不多大小。它们通常二三十只一群，多的有五六十只一群，协同作战，精于配合。一只印度豺形成不了气候，一般动物都不会害怕，但一群印度豺的群体合作，鲜有目标能逃脱它们的包围圈。包抄迂回、十面埋伏是它们的惯用战术。

　　一群印度豺每天得吞下几十公斤肉才能维持生存，面对红树林

刘克锦绘

中星罗棋布的湖泊沼泽和善于游水的猎物们，出于生存的考虑，印度豺"投靠"了凶猛的森林之王孟加拉虎。

很多时候，一只孟加拉虎的后面都若隐若现地跟着一群印度豺，而孟加拉虎对于有豺狗群尾随自己也已经习以为常，它知道豺狗群从来都不会妨碍它狩猎，它们只不过是想分得所获猎物的一份残羹。

一次，一群印度豺合力追击一群水鹿，水鹿最终逃进了一片沼泽湖里。豺狗群只得望水兴叹。它们转身离去，独特的干号声在林间此起彼伏，不一会儿，一只孟加拉虎悄然来到沼泽湖边的草丛中，斑斓的虎皮和焦黄的草丛混为一色，它发现湖水里果然有一群水鹿在进食水葫芦！孟加拉虎悄悄地下了水，悄无声息地借着水中芦苇遮挡水鹿的视线，靠近了水鹿。紧接着，孟加拉虎一头沉入水中，水面宁静如初。突然，"哗"的一声，孟加拉虎掀起巨大波浪，从水鹿群中冒出，一口咬住其中一只水鹿，众水鹿夺路而逃，拼命奔上陆地，水面顿时波浪翻滚，孟加拉虎咬住水鹿倒退着游泳，奋力将一百多斤重的水鹿拖上案，这时岸边的豺狗群不住地刨爪，显得很兴奋的样子。

孟加拉虎在狼吞虎咽水鹿时，豺狗群在周围围了一圈，或站着或半坐着，这个阵势给了想分得残羹的狐狸、秃鹫等食客一个下马威：势力范围我们已经圈定了，老大吃完了就是我们的了！森林之王吃饱后掉头走了，豺狗群一哄而上，一会儿工夫，那水鹿就变成了一副完整的骨架。

借助老虎的威势，印度豺得以填饱肚子。看似因虎而食，其中却隐藏了一个小的细节：如果没有印度豺将水鹿赶到沼泽湖里，孟加拉虎也不可能轻而易举地将其擒获。表面上看是印度豺沾了老虎的光，其实它们是一种巧妙的合作。

豺　马鸣摄

孟加拉虎

孟加拉虎又叫印度虎，主要分布在印度、孟加拉国、中国以及印度的印度半岛等国家和地区。孟加拉虎的个头比华南虎大、略比东北虎小，雄性孟加拉虎从头至尾平均身长2.9米，大约220公斤；雌性孟加拉虎身材略小，从头至尾平均身长2.5米，体重约140公斤。

8 负鼠

　　说到装死，我想人们的第一反应可能是那些怕死的懦夫在战争中的装死逃生。其实，装死并不是人类的专利。如果要拼演技，自然界中比人类擅长装死的动物比比皆是。

　　负鼠的个头大小不一，身材苗条的负鼠跟老鼠大小相仿，而体态健硕的负鼠却要比猫还大。成年的负鼠都有一根结实有力、灵巧无比的尾巴，这让它们可以像猴子一样用尾巴缠绕枝干倒挂在树上，母鼠还可以用尾巴发挥安全带的功能，将幼鼠固定在自己身上。

　　负鼠的身材决定了它并不适合在草原和丛林里快速奔跑，但它却非常擅长急刹车：被捕食者追猎的时候，负鼠可以在一秒钟内从风驰电掣到纹丝不动。当负鼠突然停下，捕食者往往也会跟着一起停下，但巨大的惯性却不能让它像负鼠一样稳稳地站定。栽了跟头的捕食者一时搞不清楚负鼠葫芦里卖的是什么药，怎么跑着跑着突然停了，难道是知道跑不过索性投降？虽然说负鼠看上去呆萌，但并不那么缺心眼。趁着捕食者出神发愣的工夫，负鼠突然一个加速度，用尽全力，如同一支离弦的箭一样发射出去。等捕食者回过神来，负鼠早已逃之夭夭。

　　当然，这一招并不是屡试不爽，因为负鼠的天敌多是狼和狗这

北美负鼠

样的体型和体力比负鼠高出几个数量级的动物。所以，即使负鼠使用"急刹车"战术迷惑了对方，但只要捕食者反应过来，还是能够轻而易举地追上逃跑的负鼠。这时候，负鼠就只能装死了。

到了性命攸关之际，负鼠就会就地仰躺，张嘴闭眼吐舌，舌头耷拉在上下颌之间。同时，它的身体猛烈地抽动，看上去就像人类的癫痫病发作，脸上做出一副便秘一个月的痛苦表情。一般的捕食者遇见这样的状况，以为负鼠是被吓死或者累死了，便失去了捕食的兴趣。

但是装死也并非能够唬住所有捕猎者。如果碰见了老道的猎手，普通的装死也不奏效，那么负鼠就要亮出看家本领了。这时，负鼠会从肛门旁的臭腺中快速排出一种黏稠的黄色液体，这种液体会散发出难闻的恶臭，类似于变质的腐肉所发出的气味，让捕食者避之唯恐不及，完全丧失了进食的胃口。如果捕猎者还不甘心就这么让煮熟的鸭子飞走，就拿前爪在负鼠身上拨拉几下试探，已经完全入戏的负鼠会非常敬业地做到纹丝不动，打消捕猎者最后的尝试。

至此，负鼠已经完成了从逃跑、刹车分散捕猎者注意力、再次逃跑、第一次装死、第二次排臭表演逼真死、逃生成功这一系列内容，负鼠正是通过种种努力才能活下来。

所以，装死不但是一种求生本能，更是一款求生的神器，对于远逊于那些高大威猛动物的弱者来说，装死更是一项不得不掌握的必备技能。负鼠发明的这种欺骗捕猎者的办法，使它们得以在地球上存活了7000万年。

刘克锦绘

负鼠名字的由来

生活在美洲的负鼠是一种看上去非常可爱的动物，刚分娩的小负鼠不足两厘米，需要爬进母负鼠的育儿袋里继续发育，再过一段时间，幼鼠则会爬在母鼠的后背上游荡觅食，负鼠也因此得名。

⑨ 装死的猪鼻蛇

提到蛇，大多数人会退避三舍，单是想想就汗毛耸立。我对它那滑腻的鳞片、抖动的信子和发出的嘶嘶声感到极度不适应。可是也有很多人喜欢蛇，之前带我找花条蛇的王瑞就喜欢蛇。最近他从宠物市场买来一条猪鼻蛇。

猪鼻蛇最明显的特色是吻端朝上酷似猪鼻。受到惊吓时，它头颈部变扁，发出很响的嘶嘶声，我当时以为它是剧毒蛇。而实际上，它充其量只能算是小型毒蛇，它有后毒牙，分泌的毒液只能瘫痪蟾蜍。而且，它性格温顺，几乎没有攻击性。

遇到威胁时，它该如何自保呢？为了解答我的困惑，王瑞把他家的大花猫请了过来，来了个现场表演。

大花猫气势汹汹地扑过来。猪鼻蛇只有耳柱骨，没有外耳和中耳，也没有鼓膜、鼓室和耳咽管，所以它无法听到追捕者发出的声音。但是，它可以依靠下颚骨敏感地捕捉到来自地面的振动，透过内耳的杆状镫骨传递至大脑，从而感知威胁的存在。

为了把敌人吓跑，猪鼻蛇鼓起身体，发出嘶嘶声，做出进攻状。这点三脚猫功夫根本没被大花猫看在眼里，它继续向猪鼻蛇靠近。猪鼻蛇突然一个急刹车停下来，对着靠近自己的敌人，突然把颈部肋骨撑开，发出恐怖的嘶声。那一刻，它就像眼镜蛇附体，恫

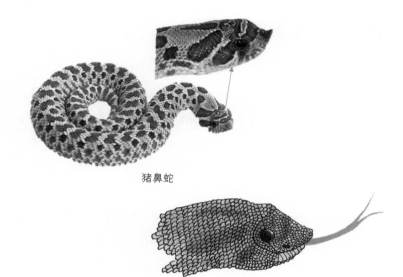

猪鼻蛇

刘克锦绘

吓着不自量力的捕食者。大花猫心里一颤，以为真的遇到毒蛇了，赶紧向后退了几步。

可是，大花猫仔细一看，发现这是骗局，因为猪鼻蛇根本无法像眼镜蛇一样直立起上半身！于是，它再度发动了进攻。猪鼻蛇一看计谋被识破了，赶紧使出撒手锏：让自己的身体变得疲软无力，把嘴巴张得老大，然后翻转身体使背朝下，肚皮朝天，看起来就像暴毙死亡一样。大花猫用爪子试探猪鼻蛇，它一动不动，只是用余光观察四周。大花猫一看，眼前不过一条死蛇，失去了兴致，扭头离去。等大花猫走远后，猪鼻蛇才又活了过来，翻过身游过草丛。

躲在一旁的我，看得目瞪口呆。原来骗子不光人类有。

⑩ 棋斑水游蛇装死

　　新疆的荒漠或沙丘地带，时常会有一些绿洲湿地，为动物提供珍贵的水源，一些水鸟和其他物种也会栖息于此，这其中就包括棋斑水游蛇。棋斑水游蛇在中国仅分布于新疆，在北疆地区极为常见。棋斑水游蛇为水栖蛇类，无毒，以鱼类及两栖动物为食，它们体长多在70至80厘米之间，最长可达140厘米。

　　棋斑水游蛇性情胆小且机警，它们在岸边休息时，一旦有风吹草动便会极速窜入水中，有些身型稍小的个体甚至会飞身一跃跳入池塘，快速游向深水消失。而未能及时逃到水中的则会选择就近的洞穴、缝隙或者石头下来隐蔽。如果无处可逃，棋斑水游蛇便会快速将身体盘成一团，将肋骨向两侧伸张，让自己看起来更加粗壮，同时还会发出"嘶嘶"的呼气声，声音很大，以此来恐吓捕食者。一旦被抓住，棋斑水游蛇会快速从泄殖腔喷出粪便，这可不是被吓得大小便失禁，而且是因为食鱼的蛇类都有一个共同特征，那就是臭，棋斑水游蛇的粪便散发着无比腥臭的气味，会令所有捕食者望而却步，沾到人类身上也很难将其洗净。

　　除了上述的防御手段外，一些体型较大的棋斑水游蛇还会使用装死的手法来欺骗捕食者。它们会将身体腹部朝上，同时全身肌肉紧绷，模拟动物死后身体僵硬的假象，同时还能将肛门外翻，释放出尸体腐烂后的恶臭气味，能在短时间内将苍蝇吸引来。除此之外，棋斑水游蛇的

棋斑水游蛇

嘴巴还会微微张开，口腔内的毛细血管破裂，营造出嘴角带血的场景，此时人类就算用手抓它它也不会动弹，如此高超的装死本领，会让捕食者完全相信眼前是一条已经腐烂发臭的死蛇。其实"假死"在蛇类世界中是很常见的防御手段，棋斑水游蛇将它发挥得淋漓尽致。

棋斑水游蛇每年4月中旬出蛰，它们会在白天外出活动，尤其喜欢艳阳高照的大晴天，平时它们会在水塘边缘的草丛或者石滩休息，享受日光浴，捕猎时会潜入水中，它们在水中的游泳速度非常迅捷。棋斑水游蛇主要以各种鱼类为食，偶尔也会进食蛙类、蝌蚪或者水生昆虫。有时，聪明的棋斑水游蛇还会守候在池塘的入水口，这里常常会有鱼群聚集，它们可以尽情享受唾手可得的美味。

捕猎时，棋斑水游蛇会一口咬住鱼类，如果是体型较小的鱼，棋斑水游蛇会直接在水中吞食。而那些较大的鱼，挣扎起来会很猛烈，棋斑水游蛇则会将它们慢慢拖到浅水处或者岸边，再开始吞噬，就像钓鱼的人在大鱼上钩后溜鱼一样。棋斑水游蛇无毒，因此它们无法用毒液杀死猎物，也不会像蟒蛇或者锦蛇一样通过缠绕让猎物窒息，它们往往会直接活吞。笔者曾亲眼目睹过一条大棋斑水游蛇吞下一只中亚侧褶蛙，等蛙完全进入蛇腹中时，还在发出绝望的鸣叫声。（本文作者王瑞）

名字的由来

棋斑水游蛇的身体为灰色或棕灰色，布满黑色的斑点，斑点的排列类似于国际象棋，这也是它们得名"棋斑"的原因，在欧洲国家，棋斑水游蛇还被称作"骰子蛇"。

⑪ 天花吉丁虫假死

在新疆有一种异常美丽的昆虫，体型优美，色彩艳丽，常有金属光泽。它们可作为工艺品，也常作为饰物而闻名于世，一向被收藏者视为珍奇——这便是天花吉丁虫。

我第一次听说这个名字不由地紧张起来，因为天花在历史上曾经夺去了无数人的生命。直到在野外亲眼目睹之后，我才真正被其美丽所吸引。天花吉丁虫是中国450余种吉丁虫中体型较大的，体长可达4厘米。它的身体呈圆柱形，覆盖着细密的白色绒毛，体表为绿色，有金属光泽，两个鞘翅上各有5列黄色或白色大小不等的、向内凹陷的不规则斑点，整体看起来好像是人类出的天花，因此得名天花吉丁虫。

天花吉丁虫又名梭梭大吉丁，这个名字直接透露了它的栖息环境。梭梭是一种广泛分布在新疆戈壁沙漠中的灌木，它们也是天花吉丁虫的主要寄主植物。天花吉丁虫专性寄生在梭梭上，取食寄主叶片。

荒漠中干旱缺水，耐旱植物梭梭成为天花吉丁虫的主要水分来源。然而梭梭自由水含量只有16%，所以天花吉丁虫获得水分是比较艰难的。为了适应干旱的荒漠环境，天花吉丁虫有着独特的节水方式——不连续气体交换循环，这是昆虫节水的一种有效方式。昆虫呼吸失水一般占整个水分损失的 5%～12%，是水分平衡的重要组成。天花吉丁虫在不连续气体交换循环过程中80%的时间关闭气孔，能有效地减少水分散失，这可能有利于适应高温干旱环境。

在夏天高温环境下，天花吉丁虫水分散失增加，为实现水分平衡，其取食量也随之增加，对荒漠地区优势种梭梭危害也增强。每年的五月中旬是天花吉丁虫的发生期，此时它们会聚集在北疆各地的梭梭林中，略显宽大的足环抱着幼嫩的茎，大口咀嚼着鲜美的梭梭。若是赶上大年，几乎每一株梭梭上都可以发现它们的身影。部分地区的天花吉丁虫还会栖息在柽柳、鞑靼滨藜上。

当遇到危险时，原本攀附在梭梭细嫩枝条上的天花吉丁虫会瞬间收起足部，任凭身体坠落到地面，一动不动，进入假死状态。等到危险过去后，张开翅膀迅速飞走。天花吉丁虫虽然是温顺的素食主义者，但是它们的口器却异常锋利，如果不幸被人类捉住，它们会出其不意地张开大口反击，给对方惨痛的一击。

吉丁虫属于全变态昆虫，幼虫一般发育在活的、枯衰的或死亡的木本植物组织中。成虫的营养亦与饲料植物相联系。幼虫有的发育在木本植物茎中，有的在草木枯茎中或某些植物根中，但最为典型的是发育在乔木和灌木植物茎中。在干旱条件下，往往生活在根中，在此条件下进一步适应，则进入到根外的土壤中。

危害

吉丁虫科昆虫，属鞘翅目、多食亚目的一个类群，世界已知种类约1.3万种，分属于 12 个亚科。中国已知有9 个亚科、约 450种。该科昆虫是一类重要的农业及林业害虫，其幼虫在枝干皮层内纵横蛀食，严重时会造成树干逐渐枯死，甚至整株死亡。

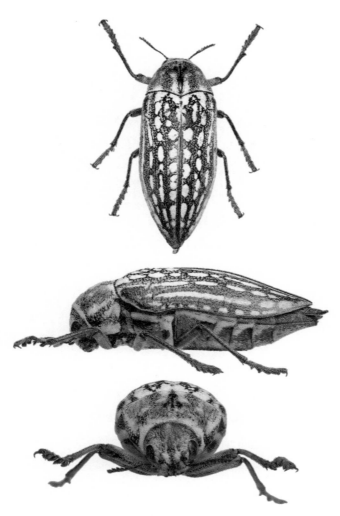

天花吉丁虫假死

⑫ 中美洲丽鱼

对于动物的装死绝技，我只能用膜拜来形容。最近我发现了一位在水中装死的高手。陆地上的生物装死，意味着屏住呼吸，降低心跳，倒地不起，耷拉脑袋，张开嘴巴，吐出舌头，翻着肚皮，而且捕食者试探时也要一动不动。但是，对中美洲丽鱼来说，一切卖力的演技都是浮云，它只要凭借"刷脸"，就能让别人信以为真。

中美洲丽鱼的体侧有错综复杂的图案，鲜艳之中带有墨绿色的图纹，看起来就像是身体的一部分正在腐烂。它和负鼠、猪鼻蛇一样，也是装死的高手。

中美洲丽鱼没有健硕的体型，没有锋利的犬牙，也没有逃命的快腿。为了不成为别人的食物，它只好装死避难。中美洲丽鱼这张脸是怎么刷的呢？原来，它的鳞片上有非常特殊的墨绿色的纹路，当它在水中游动时，望过去就像是一截随波逐流的烂木头；而当它静止不动时，看着就像是一具已经腐烂的尸体。

捕食者远远望见丽鱼，根本就意识不到它是一种食物。而游近一看时，看见丽鱼就像一条腐烂的死鱼，胃口便倒了大半，直接掉头就走了。但是，腐烂的尸体对于食腐类的鱼儿来说却是一大福音。它们一看到中美洲丽鱼，以为可以饱腹一餐了。可是，当它们贪婪地游过来后，中美洲丽鱼忽然奇迹般地"活"了过来，张开血

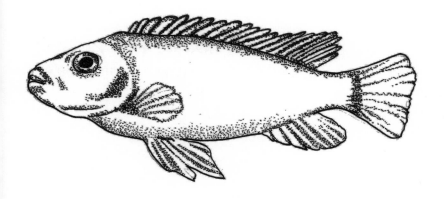

丽鱼

盆大口，把这些食腐类鱼儿吞进口中。可怜食腐类小鱼还不知道怎么回事，就成了中美洲丽鱼的美餐。

在装死的行当里真可谓"天外有天，物外有物"，之前以为负鼠、猪鼻蛇已经是装死的高手了，没想到中美洲丽鱼时时刻刻都在扮演死亡，真不愧是鱼类中的装死专业户。

观赏鱼中的异类

丽鱼是一种生长在非洲和中南美的热带淡水鱼，体色特别鲜艳，是广受喜爱的观赏鱼类。中美洲丽鱼却不甘心靠人工饲料果腹，它必须依靠自己的力量来捕猎食物。

⑬ 女巫萤的色戒

小时候家在农村，一到夏季的晚上，我就可以看到路边无数星火在闪烁。那时候，大人们告诉我，它们是鬼火。可是，我偏偏不信这个邪，亲手抓了几只，发现这是一种小小的昆虫，可以发出光亮。

每一个种类的萤火虫都有自己的光亮，它们发光的形状、间隔也不尽相同。当萤火虫的发光密码得以破译后，人们就可以轻而易举地捕捉到它们。你只需要模仿雌性的发光信号，雄性就会自动飞入你的手中。雌性萤火虫安静地蹲伏在某处，它没有翅膀但却可以在树叶或树枝上发光，似乎在发出邀请，接着雄性就会来到它的身边。这是一种非常美妙的交流方式，在昆虫世界里也是难得一见的。但是，不要以为萤火虫的求偶只是一场浪漫约会，殊不知，这有时也可能成为一场赔上性命的灾难！北美洲有一种狡猾的雌性萤火虫——女巫萤，就会猎杀其他种类的雄性萤火虫，甜蜜情人一下子就变成了致命凶手。

于是出现了下面的场景：女巫萤雌虫安静地蹲伏在某处，通过观察周围飞过的萤火虫，破解它们的发光密码，然后用同样的发光方式招来雄萤，这叫作光学拟态。它是个"多语言者"，可以模仿2~8种不同种类的萤火虫的发光方式。面对邀请，雄性会毫不犹豫地飞到雌性身旁享受美好时光，却没有想到这会变成一个可怕的死亡约会。

女巫萤为什么要残酷猎杀其他萤火虫呢？原来，萤火虫的天敌有很多种，如捕食幼虫的蚂蚁、鱼、龙虾，捕食成虫的蜘蛛、青蛙、蟾蜍、蜈蚣等。而萤火虫幼虫弱小且毫无抵抗力，只有靠从母亲体内遗传的化学物质来抵抗天敌。它们可以制造毒素，让鸟儿和其他食虫动物躲开它们。但是，在漫长的进化过程中，女巫萤失去了制造毒素的机制，所以它们只有通过猎杀其他种类的萤火虫来完成使命。通常，女巫萤先和自己同种的雄性交配，然后在产卵之前猎食其他种类的萤火虫。

萤火虫发光的秘密

华中农业大学付新华教授是中国第一位从事萤火虫研究的博士，从他那里我知晓了萤火虫发光的秘密。萤火虫利用腹部特化的发光器内的荧光素、萤光素酶、氧及ATP（三磷酸腺苷）进行生化反应而发光。荧光素是光的来源，萤光素酶起着触发器及催化剂的作用，氧是氧化剂。ATP、荧光素及荧光素酶三者结合成为一个复合体，经氧化作用发光。萤火虫发的是一种冷光，整个发光过程是生物能ATP转化成光能的过程，不但不会灼热烧伤，而且非常高效和灵敏。萤火虫发光器分为发光层和反射层，在反射层中有较为粗大的气管，而发光层中具有较多微气管。萤火虫通过神经来控制这些气管，将氧气导入发光器中，从而精确地控制闪光的明灭。反射层能将发光层产生的光反射出去，从而提高发光的效率。

刘克锦绘

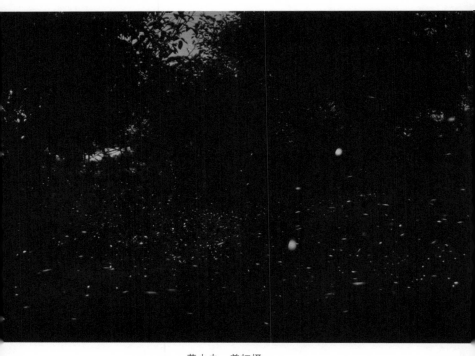

萤火虫　姜虹摄

14　蟋蟀

夏夜，花坛里，草丛旁，房屋角都可以听到蟋蟀的歌声。这种小动物白天穴居于地表、砖石下、土穴中、草丛间；夜间出来活动。它是杂食性，吃各种作物、树苗、菜果等。

我抓蟋蟀比较在行，白天在田地里，可以轻而易举地抓到它们。可是到了晚上，我却茫然不知所措。回家过暑假，蟋蟀们吵得我不得安眠。于是我打着手电筒，在院子里四处寻找。

我还在屋子里没有出来的时候，外面蟋蟀的叫声始终如一，没有什么变化。然而，当我拿出手电筒开始照射的时候，突然没了声音。于是我立即关上手电，静止不动，不一会，我又听到它在远处，20步开外的地方鸣叫。可是我刚才听见它就在这儿，分明是近在眼前，难道是我的听力出了问题？

我完全摸不着头脑了，已经无法凭听觉找到这这只蟋蟀的准确位置。这之后，我从昆虫学家法布尔那里了解到一点儿情况，知道了蟋蟀发声的奥秘。

人类的发声，是由空气通过咽喉部的声带引起振动而发声的。蟋蟀嘴里没有声带，发音部位也不在口器内，它是怎样发声的呢？它的发声"机关"藏在哪里？原来蟋蟀是用翅膀摩擦发声。在蟋蟀右边的翅膀上，有一个像锉样的短刺（音锉），左边的翅膀上，长有像刀一样的硬棘（磨擦片）。左右两翅一张一合，相互摩擦，所以蟋蟀振动翅膀就可以发声。

那么，声音远近的变化又是如何产生的呢？明明蟋蟀就在我面前，却为何听着像20米外的地方传来的声音？

原来，蟋蟀上鞘翅的琴弓在下鞘翅上摩擦，同样，下鞘翅的琴弓在上鞘翅上摩擦，摩擦点时而是粗糙的胼胝，时而是四条平滑的放射状翅脉中的某一条。因此，发出的声音会出现音质变化。这大概可以部分地解释我的困惑：当蟋蟀处于警戒状态时，它的鸣唱就会使人产生幻觉，让你以为此时的声音既好像从这儿传来，又好像从那儿传来，还好像从另外一个地方传来。音量的强弱变化，音质的亮闷转换，以及由此造成的距离变动感，这些都给人以幻觉。而这恰恰就是蟋蟀想要达到的效果：通过声音的变换，来欺骗它的天敌。

独居者

蟋蟀生性孤僻，一般的情况都是独立生活，绝不愿意和别的蟋蟀住一起，只有雄虫在交配时期才和雌虫居住在一起。因此，它们彼此之间不能容忍，一旦碰到一起，就会咬斗起来。正因为这种习性，蟋蟀成为在古代和现代玩斗的对象。

蟋蟀　何既白摄

蟋蟀

15 说谎的青蛙

对于青蛙，我感觉格外亲切，以前家里承包了一个池塘，每到夏季就可"听取蛙声一片"。对它们的生物学特征，我多少有些了解：青蛙属于脊索动物门、两栖纲、无尾目、蛙科的两栖类动物，成体无尾，绝大部分通过体外受精繁殖。青蛙将卵产于水中，卵子与精子在水中结合成受精卵，然后在母体外孵化成蝌蚪。蝌蚪用鳃呼吸，经过变异，成体主要用肺呼吸，兼用皮肤呼吸。

可是青蛙是如何发出鸣叫的呢？我一直好奇。

幸好我有一个研究两栖动物的研究生同学，从他那里，我找到了答案。原来青蛙的发声器是长在嗓门里的一对黏膜褶襞，也叫声带。头两侧有两个声囊，可以产生共鸣，放大叫声。它那圆鼓鼓的大肚子里头还有一个气囊也能起共鸣作用。蛙类的鸣叫方法相当独特，发音之前，雄性先吸一口气到肺部，并把肚子鼓起来，然后腹部缩小，把肺部的气体挤到咽喉，在此处震动声带、发出声音，最后声音及气体一起被送到位于喉部下方或侧面的鸣囊，气体将鸣囊鼓大，成为声音的共鸣腔并扩散出去，几百米外都能听到"呱呱呱"的和声……

蛙类大部分的时候都安安静静地躲在暗处，不会发出声音，也不会和同类接触。但到了繁殖期，就会成群迁入水域进行生殖活动，发出鸣叫，有的种类不分日夜都很活跃，尤其下雨天的时候更是兴奋。

一般情况下，雌蛙的叫声很少，雄蛙会随着场合的不同发出不同的声音。夏季无人干扰的情况下，大多数的青蛙会发出求偶的鸣叫。雌蛙一般仅会发出求救叫声，国外有少数种类雌蛙会发出声音回应雄蛙求偶叫声。

我慢慢接近它的时候，会听到一种嘈杂的叫声，这是驱逐其他雄蛙或打架时发出的叫声。当我走近，被它们发现的时候，这些青蛙把我当成了天敌，紧急发出来"叽"的求救叫声，而后潜入水中"避敌"。

不过青蛙也会"说谎"。

如果你经过一个池塘，听到蛙声一片，那你可得听仔细，因为其中可能有一些青蛙是在滥竽充数。雄性青蛙通过叫声来向外界宣告自己的强壮，体型越大的青蛙，叫声就越低沉。一只强壮的雄性青蛙发出的叫声足以威慑其他的雄性同类，让它们不要侵犯自己的领地。尽管大部分青蛙都是诚实的，但有一些却是在装模作样。一

声音指纹

不论是哪一种叫声，每一种蛙类都有其独特的声音频率，如同我们人类的指纹，是独一无二的，具有种类辨识、避免杂交的功能。

刘克锦绘

些体型较小的雄性青蛙会刻意压低自己的声音，造成自己体型强壮的假象，借此吓退那些本来可以战胜它们的同类。

说谎归说谎，大多数时候青蛙的叫声还是比较诚实的。日本研究人员发现，青蛙"合唱"有玄机，单只青蛙实际上是和邻近的其他青蛙稍微错开时间鸣叫的，以使自己的声音不被完全淹没，从而能"我的地盘我做主"。

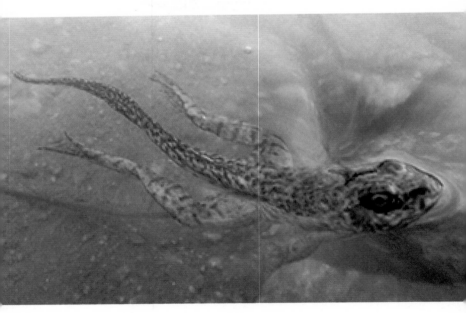

蟾蜍　王瑞摄

⑯ 换装墨鱼

海洋里有一种头足类动物，在遇到强敌时会以"喷墨"作为逃生的方法，伺机离开。你知道它是什么动物吗？没错，它就是大名鼎鼎的墨鱼，也叫乌贼。这也是我以前对于墨鱼的认识。随着知识的拓展，我了解到澳大利亚麦考瑞大学行为生态学家发现了一种新的神奇墨鱼。

这种生活在澳大利亚东海岸的墨鱼中的雄性，可以将自己身体的两面分别变成截然不同的样子，一半表现是雌性，另一半是雄性。我第一眼看到这个消息的时候，直接蒙圈了，这种不男不女的行为不是太监吗？

实际上恰恰相反，太监是无法生育的，而这种墨鱼是要通过"雌雄同体"的行为来迷惑同性、吸引异性。

在这种墨鱼的世界，男女比例严重失调，"男多女少"，这意味着竞争的激烈。尤其是在繁殖季节，众多雄墨鱼都想找老婆，繁衍自己的后代。谁能在激烈的竞争中脱颖而出呢？

为了取得异性的欢心，雄性墨鱼必须下一番功夫。墨鱼的世界以强壮为美，因此雄墨鱼在心仪的对象面前会尽可能地表现自己"充满肌肉、强健有力"的一面。可是这样一来，也有一个问题。那就是，雄墨鱼这么高调的表白，其他雄性墨鱼也会看到，这样

"情敌"们就会蜂拥过来争夺这位"窈窕淑女"。这时,为了争抢老婆,众多光棍们必有一番争斗,甚至会"打"得头破血流。

所以,找到心仪对象后,想要表白的雄墨鱼必须想个法子,既要让异性看到自己高大英俊的形象,同时又不能引起同性竞争者的注意。

该怎么做呢?

在长期的进化中,准备求偶的雄性墨鱼将身体的一面变成雌性,把冷漠的一面展示给同性,以此来迷惑潜在的竞争者。其他墨鱼看到后,以为这是一只没有交配愿望的雌性,只好打消自己求偶的念头。与此同时,它身体的另一面却是色彩明亮的一面,展示给自己心仪的对象(异性),以此吸引交配对象的注意力。

当然,雄性墨鱼仅仅会在身边有其他雄性墨鱼的时候才会表现出这独特的功能。假如它和雌性墨鱼独处的话,就可以大大方方地享受恋情,没必要开启这种"双面"模式。但是如果身边有过多的雄性墨鱼或者有多于一只雌性墨鱼的时候,它就会陷入尴尬,因为此刻它也拿不准应该拿哪一面对着谁了。

我们在生活中非常讨厌当面一套背后一套,两面三刀的人,然而,动物中的墨鱼为了求偶,不得不展示自己的"双重性格"。还是那句话,不要用人类的标准来评判动物的行为,我们仅仅是从它们的世界经过。

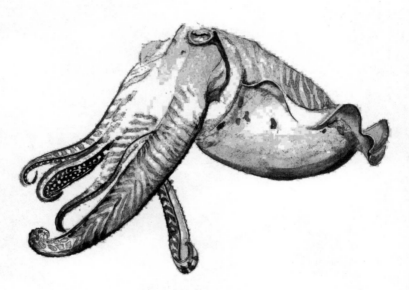

刘克锦绘

"换装"墨鱼

⑰ 毛毛虫吹口哨吓天敌

　　以前我只知道毛毛虫是一种令人讨厌的昆虫，小的时候还被它蜇过。后来才知道，原来小小的毛毛虫具备这么大的本领。于是我开始对这种虫子着迷，虽然有些毛毛虫我无法直接看到，但是查查别人的研究成果，满足下自己的好奇，也是一件令人愉快的事情。

　　最近，我在文献中看到一种会吹口哨的毛毛虫，叫胡桃毛毛虫。我知道毛毛虫是没有嘴唇的，它是如何发出声音的呢？早在100多年前，科学家们就知道一些毛毛虫可以产生咔嚓声，或者萧萧的噪音。

　　近期，加拿大卡尔顿大学的Jayne Yack痴迷于动物各种不寻常的交流方式，因此当他看到毛毛虫会利用超声波向它们的某些天敌传达信息时，一下子就被迷住了。然而，毛毛虫为何会发现声音，以及它们是如何发出声音的呢？

　　为了破解毛毛虫发声的密码，Yack和他的学生Veronica Bura调研了蚕蛾总科下属的多种昆虫，发现胡桃毛毛虫就能发出特殊的吱吱声。师徒俩决定分析一下毛虫的行为。

　　Yack和Bura首先诱捕了多只成年雌性蛾，同时收集了它们产的卵，然后等待卵中的小生命被孵出，直至它们的第4次和第5次蜕皮期到来。然后，两位研究者用钝头镊子轻轻地挤压毛虫，观察它的反应如何。果然不出所料，毛虫发出了吱吱的尖叫声。

这些声音是如何发出来的呢？要知道毛毛虫有没有发声器官。

Yack和Bura接下来利用高速摄像仪器拍摄了毛毛虫"吹口哨"的过程。结果发现，毛毛虫有意地将头部向后缩，压缩身体两侧的通气孔。气体随即被压缩到身体两侧的8对通气孔，这些气孔就是这些毛毛虫的"鼻子"。当这些气体通过毛毛虫的"鼻子"流出的时候，就产生萧萧的声音。

随后，他们轻轻地将乳胶涂在毛毛虫两侧的通气孔，之后再有序地揭开每对通气孔，先打开第一对，然后打开第二对，以此类推。结果发现，毛毛虫的萧萧噪音果然是从这8对通气孔中传出来，每对通气孔产生的啸声可持续4秒。他们还发现毛毛虫发声的频率范围覆盖鸟儿和人类的听力范围。这就意味着，毛毛虫发出的声音竟然可以被鸟儿听到。

可是毛毛虫这样做的目的是什么？要知道很多鸟儿是毛毛虫的天敌，一旦发出叫声，岂不是引火烧身？

我们一起来看看科学家们是如何发现未知世界的。科学家在野外发现胡桃毛毛虫会发出咔嚓声，这是一种表象。想要解答内在的机制，就要找到产生这种现象的原因。他们需要通过自己的观察，提出一个合理的假设，然后利用实验去验证假设是否成立。Yack和Bura提出假设——胡桃毛毛虫发出咔嚓声，是为了恐吓天敌。

为了验证这一假设，师徒俩将胡桃毛毛虫放在黄莺笼子旁的树枝上，而黄莺以毛毛虫为食物。他们耐心地观察，拍摄记录期间发

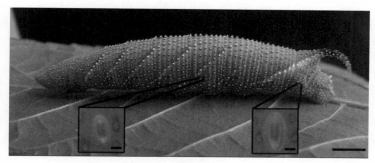

胡桃毛虫

生的状况。令他们吃惊的是，当黄莺试图展开攻击时，毛毛虫发出的咔嚓声使黄莺畏惧、退缩，快速飞离。在观测的一段时间内，黄莺展开了两次攻击，却均被吓退，而毛毛虫毫发无损。这些噪音或许不能说明胡桃毛毛虫是味道不佳的食物，但黄莺却很震惊从而放弃了猎物。我们从科学实验中发现了核桃毛毛虫"口哨"背后的秘密：它们发出咔嚓声，是为了警告掠食的鸟儿，以此来保护自己。

附：作者野外考察照

寻找方向

邹桂萍

赵序茅